北京理工大学"双一流"建设精品出版工程

电力电子技术实验教程

张 婷 刘瑞静 吴美杰 ◎ 编著

北京理工大学出版社
BEIJING INSTITUTE OF TECHNOLOGY PRESS

内容简介

电力电子技术实验是学习研究电力电子技术理论的重要环节，其目的在于通过实验验证和研究电力电子变换电路的基本工作原理，掌握电力电子实验的方法和基本技能，提高解决电力电子技术相关问题的工程实践能力。

本书共 6 章，分别是实验概述、实验装置原理介绍、典型电力电子器件实验、电力电子技术基础实验、电力电子技术综合实验和电力电子技术创新实验。本书意图构建完善的电力电子技术实验知识体系，从培养专业技能和专业素养出发，贯穿典型器件、基础实验、综合实验和创新实验四个层次，掌握电力电子技术和培养创新实践能力。

本书原理阐述简明扼要，实验指导突出可操作性，可作为高等院校有关专业的辅助教材和参考书，也可供相关工程技术人员参考。

版权专有　侵权必究

图书在版编目（CIP）数据

电力电子技术实验教程 / 张婷，刘瑞静，吴美杰编著. -- 北京：北京理工大学出版社，2025. 2.
ISBN 978-7-5763-5109-5

Ⅰ. TM1-33

中国国家版本馆 CIP 数据核字第 2025UM1452 号

责任编辑：李颖颖	文案编辑：李颖颖
责任校对：周瑞红	责任印制：李志强

出版发行 / 北京理工大学出版社有限责任公司
社　　址 / 北京市丰台区四合庄路 6 号
邮　　编 / 100070
电　　话 / (010) 68944439（学术售后服务热线）
网　　址 / http://www.bitpress.com.cn

版 印 次 / 2025 年 2 月第 1 版第 1 次印刷
印　　刷 / 廊坊市印艺阁数字科技有限公司
开　　本 / 787 mm×1092 mm　1/16
印　　张 / 12
字　　数 / 294 千字
定　　价 / 58.00 元

图书出现印装质量问题，请拨打售后服务热线，负责调换

前言

电力电子技术是电气工程及其自动化、自动化等专业的专业课程，涉及面广，包括电力电子器件、电力和控制三部分，其重点研究对象是由电力电子半导体器件组成的整流、逆变、斩波和变频变压电路的基本工作原理、特性与应用。实验环节是这门课程的重要组成部分，本书提供了许多实验项目，各个实验项目的内容相互独立，可进行适当的选择与组合，并通过实验，着重加强工程实践能力、工程设计能力的培养。

在新工科的背景下，为突出工程应用，本书在内容的组织上，以"器件—变换电路—工程应用"为主线，在补充和完善新知识的同时，重点增加介绍新技术工程实验的内容，旨在帮助学生加深理解典型电力电子器件及其触发电路的工作原理，电力电子变换电路的工作原理，电压、电流波形的测定与分析方法，综合电力电子电路的设计方法、电路参数的计算等，并能运用专业理论知识分析相关实验数据，从而巩固理论知识，提高解决复杂工程问题的能力和创新实践能力，培养工程设计思维、安全节能意识。

由于本书的编写具有一定的局限性和较强的针对性，加之编者水平有限以及时间紧迫，书中疏漏之处在所难免，敬请广大读者批评、指正。

编 者

2024 年 7 月于北京理工大学

目 录
CONTENTS

第 1 章　实验概述 ··· 001
  1.1　实验基本要求 ··· 001
    1.1.1　实验前的准备工作 ··· 001
    1.1.2　实验过程 ··· 001
    1.1.3　实验总结 ··· 002
  1.2　实验注意事项 ··· 002
    1.2.1　实验台操作的注意事项 ··· 003
    1.2.2　实验前注意事项 ··· 003
    1.2.3　实验过程中注意事项 ··· 003

第 2 章　实验装置原理介绍 ·· 004
  2.1　主控制电路 ··· 004
    2.1.1　三相交流电给定电路 ··· 004
    2.1.2　电源控制与故障指示电路 ··· 005
    2.1.3　信号检测与变换电路 ··· 006
  2.2　给定电路 ··· 007
  2.3　晶闸管主电路 ··· 007
  2.4　智能功率模块主电路 ··· 009

第 3 章　典型电力电子器件实验 ·· 013
  3.1　单结晶体管触发电路的研究 ··· 013
  3.2　单相锯齿波移相触发电路的研究 ··· 016
  3.3　三相锯齿波移相触发电路的研究 ··· 019
  3.4　单相 PWM、正弦 PWM 波形发生电路的研究 ····················· 023
  3.5　三相 SPWM 波形发生电路的研究 ······································· 026

3.6 晶闸管的特性与触发实验 ………………………………………………………… 031
3.7 电力晶体管的特性、驱动与保护实验 …………………………………………… 036
3.8 电力场效应晶体管的特性、驱动与保护实验 …………………………………… 040
3.9 IGBT 的特性、驱动与保护实验 ………………………………………………… 044

第 4 章 电力电子技术基础实验 …………………………………………………… 050
4.1 AC-DC 变换 ………………………………………………………………………… 050
4.1.1 单相整流电路 ………………………………………………………………… 050
4.1.2 三相整流电路 ………………………………………………………………… 062
4.1.3 应用案例：高压直流输电 …………………………………………………… 071
4.2 DC-DC 变换 ………………………………………………………………………… 072
4.2.1 基本斩波电路 ………………………………………………………………… 072
4.2.2 Zeta、Sepic 斩波电路研究 ………………………………………………… 080
4.2.3 隔离型 DC-DC 变换电路研究 ……………………………………………… 081
4.2.4 单相桥式全控 DC-DC 变换电路研究 ……………………………………… 084
4.2.5 应用案例：电动汽车 ………………………………………………………… 086
4.3 DC-AC 变换 ………………………………………………………………………… 087
4.3.1 单相 SPWM 电压型逆变电路研究 ………………………………………… 087
4.3.2 三相 SPWM 逆变电路研究 ………………………………………………… 090
4.3.3 三相有源逆变电路研究 ……………………………………………………… 093
4.3.4 应用案例：高铁动车组 ……………………………………………………… 094
4.4 AC-AC 变换 ………………………………………………………………………… 094
4.4.1 单相交流调压电路 …………………………………………………………… 094
4.4.2 三相交流调压电路 …………………………………………………………… 096
4.4.3 单相斩控式交流调压电路 …………………………………………………… 099
4.4.4 单相交流调功电路 …………………………………………………………… 100
4.4.5 应用案例：变频空调 ………………………………………………………… 101
4.5 软开关变换技术 …………………………………………………………………… 102
4.5.1 零电压开关 PWM 电路的研究 …………………………………………… 102
4.5.2 零电流开关 PWM 电路的研究 …………………………………………… 104

第 5 章 电力电子技术综合实验 …………………………………………………… 108
5.1 半桥开关稳压电路的研究 ………………………………………………………… 108
5.2 有源功率因数校正电路的研究 …………………………………………………… 111
5.3 单相 PWM 控制技术的研究 ……………………………………………………… 115
5.4 三相 SPWM 逆变电路的研究 …………………………………………………… 123

第 6 章 电力电子技术项目设计 …………………………………………………… 125
6.1 晶闸管整流器设计 ………………………………………………………………… 125

  6.1.1 设计任务书 ·· 126
  6.1.2 设计步骤 ·· 127
 6.2 参考设计题目 ··· 144
  6.2.1 舞台灯光控制电路的设计与分析 ··· 144
  6.2.2 永磁直流伺服电动机调速系统的设计 ·· 145
  6.2.3 PWM 开关型功率放大器的设计 ·· 146
  6.2.4 晶闸管控制电抗器电路的设计 ··· 146
  6.2.5 晶闸管投切电容器电路的设计 ··· 147
  6.2.6 直流传动用整流器 ··· 148
  6.2.7 电镀用整流器的设计 ·· 149
  6.2.8 直流电力拖动电源的设计 ·· 149
  6.2.9 高频交流电源的设计 ·· 150
  6.2.10 电解用整流电源 ·· 151
  6.2.11 高频开关稳压电源设计 ··· 151
  6.2.12 列车变频空调用电源系统的设计 ··· 152
  6.2.13 熔炼用中频感应加热电源 ·· 153

附图　接线原理图 ·· 154
 附图 4-1 单结晶体管触发的单相半波可控整流电路 ·································· 154
 附图 4-2 单相锯齿波触发的单相桥式全控整流电路 ·································· 155
 附图 4-3 单相锯齿波触发的单相全波可控整流电路 ·································· 156
 附图 4-4 单相锯齿波触发的单相桥式半控整流电路 ·································· 157
 附图 4-5 锯齿波触发的三相半波可控整流电路 ··· 158
 附图 4-6（a） 锯齿波移相触发的三相桥式全控整流电路（带电阻负载） ······ 159
 附图 4-6（b） 锯齿波移相触发的三相桥式全控整流电路（带反电动势负载） ······ 160
 附图 4-7 降压斩波电路 ··· 161
 附图 4-8 升压斩波电路 ··· 162
 附图 4-9 升降压斩波电路 ··· 163
 附图 4-10 Cuk 斩波电路 ·· 164
 附图 4-11 Zeta 斩波电路 ··· 165
 附图 4-12 Sepic 斩波电路 ·· 166
 附图 4-13（a） 正激隔离型 DC-DC 变换电路 ··· 167
 附图 4-13（b） 反激隔离型 DC-DC 变换电路 ··· 168
 附图 4-14 全桥 DC-DC 变换电路 ··· 169
 附图 4-15 单相 SPWM 电压型逆变电路 ·· 170
 附图 4-16（a） 基本型三相 SPWM 逆变电路 ··· 171
 附图 4-16（b） 改进型三相 SPWM 逆变电路 ··· 172
 附图 4-17 三相有源逆变电路 ··· 173
 附图 4-18 单相交流调压电路 ··· 174

附图 4-19　三相交流调压电路 ··· 175
附图 4-20　单相斩控式交流调压电路 ································· 176
附图 4-21　单相交流调功电路 ··· 177
附图 4-22　零电压导通型 PWM 电路 ································ 178
附图 4-23　零电流关断型 PWM 电路 ································ 179
附图 5-1　半桥开关电源电路 ·· 180
附图 5-2　有源功率因数校正电路 ····································· 181
附图 5-3　PWM 直流电机调速系统电路 ···························· 182
附图 5-4　三相 SPWM 逆变电路研究 ······························· 183

参考文献 ·· 184

第1章
实验概述

1.1 实验基本要求

电力电子技术是国民经济和国家安全领域的重要支撑技术，是工业化和信息化融合的重要手段，它将各种能源高效率地变换为高质量电能，是将电子信息技术和传统产业相融合的有效技术途径。同时，它还是实现节能环保和提高人民生活质量的重要技术手段，在执行当前国家节能减排、发展新能源、实现低碳经济的基本国策中起着重要作用。

电力电子技术包括电力电子器件、电力和控制三部分，是涵盖电力、电子和控制三大电气工程技术的交叉学科。电力电子实验的综合性、系统性较强，涉及面广，通过实验可以帮助学生掌握规范的实验方法和操作技能，着重培养和提高学生的能力，如工程实践能力，团队合作能力，数据收集、分析、处理能力，解决复杂工程问题的能力，创新能力以及项目管理能力等。同时，结合工程中的实际案例，融入素养拓展，引导学生树立正确的世界观、价值观、人生观，提高安全、节能环保意识，提升学生责任担当与合作意识。

1.1.1 实验前的准备工作

实验前的准备工作非常重要，它既是保证实验顺利进行的必要步骤，又是培养学生独立工作能力、提高实验质量与效率的重要环节，实验前要做到以下几个方面。

1）实验前搜集相关技术资料，掌握相关理论知识。

2）认真阅读实验指导书及有关实验装置介绍，了解实验目的、内容、方法、要求和系统工作原理，明确实验过程中的注意事项，可到实验室对照实物预习（如了解所用仪器设备，学习仪器仪表的使用方法）。

3）设计实验线路。明确实验接线方式，拟定实验步骤，设计实验数据表格，计算相关数据。

4）实验前的准备工作以小组为单位，每组2~3人。实验前应充分讨论，明确各成员职责，合理分工，预测实验结果，做到心中有数。

1.1.2 实验过程

实验时要做到以下几点。

1. 准备工作，严格把关

实验开始前由指导教师检查准备工作质量及学生对实验原理和实验方法的掌握程度。确认已做好实验前的准备工作后方可开始实验，没有做好充分准备且对本次实验内容、实验方法、实验要求不清楚的小组，不能实验。

2. 分工合理，协调工作

每次实验以小组为单位进行。组长负责实验的安排，如分配数据记录、电路接线、安全检查、上电操作、调节负载等工作。在实验过程中要做到人人主动、分工配合、协调操作，实验内容完整、数据正确。

3. 按图连线，力求简明

根据实验线路及选用的仪表设备，按图连线，力求简单明了。接线原则是先串联后并联，即由电源开始先连接主要的串联电路，再连接并联支路。根据电流大小，主回路用粗导线连接，控制回路用细导线连接，每个接线柱上的接线尽量不要超过三根。

4. 确保安全，检查无误

为了确保安全，线路接好后应仔细核对或请指导老师检查，确认无误后方可打开电源。线路通电应由安全员操作，通电前安全员要告知每位成员。

5. 按照计划，操作测试

按照实验步骤由简到繁、逐步进行操作测试，要严格遵守操作规程和注意事项，仔细观察实验中的现象，认真做好数据记录，比较理论分析与预测趋势，分析数据的合理性。实验中对实验项目的指标严格把关，保证系统设计的性能，培养实事求是的工作作风，提高科学素质。

6. 认真负责，完成实验

实验完毕，将记录数据交给指导老师审阅，经指导老师认可签字后才可拆除线路、整理实验台，导线分类整理，仪表、工具物归原处，记录仪器仪表是否损坏。

1.1.3 实验总结

实验总结包括对实验数据等内容进行整理，记录波形和图表，分析实验现象，撰写实验报告。实验报告需要每个参与者独立完成，并且编写者应持严肃认真、实事求是的科学态度，不得随意修改实验数据和结果，应该用理论知识来分析实验数据和结果，解释现象，找出引起较大误差的原因。

实验报告撰写应包含以下内容。

1）实验名称和实验目的。
2）实验内容及实验原理。
3）实验设备及仪器仪表。
4）实验步骤及实验数据。
5）对实验数据及波形分析，得出实验结论。
6）实验注意事项。
7）小组分工及完成情况。
8）实验的收获、体会及改进意见、建议等。

1.2 实验注意事项

为了顺利地完成电力电子技术实验，确保人身与设备安全，学生应该遵守实验室的安全操作规程，并注意以下事项。

1.2.1 实验台操作的注意事项

1) 初次使用或较长时间未用实验台时,实验前务必对实验台进行全面检查。

2) 本实验台过流信号取自交流(AC)电流变换单元。因此,在所有实验电路中都必须接入交流电流变换单元,并经常检查、观察综合保护的指示,确保过流保护开关的完好、可靠。

3) 电源必须经过开关(或接触器)、熔断器之后,接入设备、系统。接线或拆线都必须在切断电源的情况下进行。

4) 实验时不得用手或脚去促使电动机启动或停转,以免发生危险。

5) 操作开关时应迅速果断,以免产生电弧烧坏触点。

6) 电动机励磁电源的接线应牢固,防止失磁飞车。

7) 开环系统禁止阶跃启动,应逐渐增大给定电压。

1.2.2 实验前注意事项

1) 认真检查各开关和旋钮的位置以及实验接线是否正确,经教师检查、审核无误后方可开始实验。

2) 实验前,先将负载开关切断、负载变阻器置于阻值最大,实验中按需接通负载开关,逐步减小负载电阻,直至达到所要求的负载电流。

3) 使用电流互感器时,二次侧不得开路,以免感应产生高压,损坏仪器和危及人身安全;对具有很多匝数线圈的电路,要小心断路时产生高压而引起危险;高压电容断电后须拆动接线时,应先进行放电,以免高压伤人。

1.2.3 实验过程中注意事项

1) 学生完成接线允许通电时,须告知全组同学引起注意方可合上电源;实验中如发生事故,应立即切断电源开关,并保持线路原状和故障现场,报告并协同教师查清问题、妥善处理故障后才能继续进行实验。

2) 在实验过程中,注意主电路的过载电流不能超过系统的允许值,尽可能缩短必要的过载和堵转状态的时间。

3) 除阶跃启动实验外,其他实验禁止直接启动,给定电位器必须退回至零位后,才允许打开电源启动实验系统,并慢慢增加给定电压,以免元件和设备过载损坏。

4) 在实验过程中,若发现电网突然停止供电,则须立即切断实验台的全部电源开关;若实验中接线脱落,则须快速切断电源,只允许在切断电源后才可以把导线接回原处。实验室总电源由实验室工作人员操作,其他人员不得乱动。

5) 任何需要改接线时,必须先切断系统工作电源;首先使系统的给定电压为零,然后再依次断开主电路总电源、控制电路电源。

6) 由于双踪示波器的地线已通过示波器机壳短接,因此在使用时务必使两个探头的地线等电位(或只用一根地线即可),以免测试时系统经示波器机壳短路。

7) 每个模块都有独立电源,不同元件上的单元电路配合使用时需要共用信号地。

8) 实验结束后,应主动将实验数据交给指导教师检查,经指导教师同意后,方可关掉实验台总电源。

第 2 章
实验装置原理介绍

2.1 主控制电路

主控制电路主要包括三相交流电给定电路、电源控制与故障指示电路、信号检测与变换电路、电机接口电路。

2.1.1 三相交流电给定电路

三相交流电给定电路主要包括输出电压转换开关、漏电保护开关、交流电流检测、交流相电压显示等。

三相交流电给定电路如图 2-1 所示。三相交流电经过隔离变压器的隔离,二次侧输出电压有三组抽头,线电压分别为 90 V、220 V、380 V。输出电压转换开关用以切换隔离变压器二次侧的输出电压,该变压器二次侧抽头输出电压从小到大按 1、2、3 分挡,如表 2-1 所示,以适应交直流(DC)调速系统的不同需要。

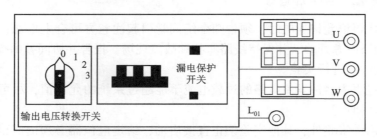

图 2-1 三相交流电给定电路

表 2-1 隔离变压器二次侧抽头输出电压及其适用范围

转换开关挡位	1	2	3
二次侧抽头输出电压(线/相)	90 V/52 V	220 V/127 V	380 V/220 V

漏电保护开关主要负责过流保护和漏电保护,防止在实验过程中出现意外状况。主控制电路的交流相电压显示主要是通过变压器降压后,经过整流、滤波,把电压信号传给数显表进行显示。

三相 380 V 交流电压通过同步变压器转换为低压同步信号,主要为触发电路提供同步电压信号,a、b、c 为低压同步信号,如图 2-2 所示。

220 V 交流电压经过变压器分别输出同步电压（A、A_1 和 A、B）和 15 V 交流输出电压，15 V 交流输出电压经过桥式整流、电容滤波输出直流电压。同步信号和低压交直流信号输出电路如图 2-3 所示。

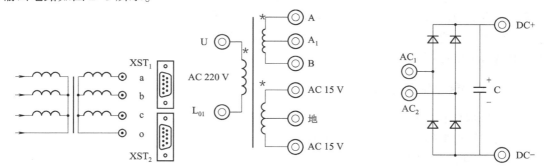

图 2-2 低压同步信号输出电路　　　　图 2-3 同步信号和低压交直流信号输出电路

2.1.2 电源控制与故障指示电路

电源控制与故障指示电路面板如图 2-4 所示，功能如下。

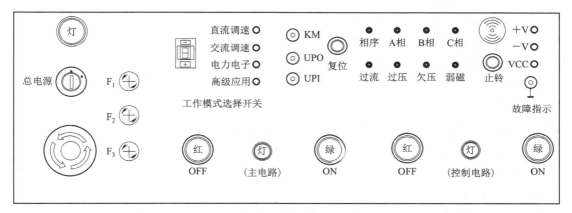

图 2-4 电源控制与故障指示电路面板

1) 总电源开关为钥匙开关，当钥匙开关打开后，主电源指示灯亮，保护电路开始工作，主控制柜插线座通电，可给外部设备供电，如计算机电源。

2) 急停开关，当主电路发生故障，而交流接触器、漏电保护开关都没有动作时，应立即按下急停开关，切断主电路，保证人身安全和设备不受损害。

3) 主电路与控制电路的操作必须遵循以下步骤。
① 先启动控制电路，系统无任何故障的条件下，启动主电路。
② 系统停止时，先关闭主电路，然后关闭控制电路。
若操作顺序不对，则不能完成正常启动。

4) 系统设置有工作状态指示电路，即"直流调速""交流调速""电力电子"和"高级应用"，红色发光二极管可以指示当前状态。实验运行时由工作模式选择开关将系统选择为"高级应用"状态，此时，系统处于调试状态，综合故障显示除弱磁不起作用外，其他功能全部有效。在进行实验时，应当选择相应的挡位，做直流实验时应该选择"直流调速"状态进行实验。

5) 红色发光二极管是设备和电源故障指示灯，可以指示过压、欠压、过流、相序、弱磁等。当发生故障时，蜂鸣器发出蜂鸣声；在解除故障后，按"止铃"按钮可以使蜂鸣声停止。再次上电之前，必须按"复位"按钮，否则该电路会一直认为故障存在，不允许系统主电路再上电运行。

2.1.3 信号检测与变换电路

信号检测与变换电路包括交流电流检测及变换电路、电压检测及变换电路、电流检测及变换电路和转速变换电路，以下分别说明。

1. 交流电流检测及变换电路

交流电流检测及变换电路是把三相交流电给定主电路电流信号进行处理，由隔离检测电路、整流滤波电路和放大电路等组成。其信号可用作交流电流反馈、零电流输出、过流检测及设定等，交流电流反馈值可通过旋转电位器来调节。

2. 电压检测及变换电路

电压检测及变换电路的输出为 U_v^+、U_v、U_v^-，分别是"正绝对值""跟随"和"负绝对值"三种信号电压，以适应各实验对输出信号极性的不同要求，电压反馈系数由电位器 R_{PV} 来调节。电压信号由电压传感器进行检测。该电路数字显示表头显示被测信号电压，直流电压表量程为 0~700 V，交流电压表量程为 0~500 V。

3. 电流检测及变换电路

电流检测及变换电路输出为 U_i^+、U_i、U_i^-，分别是"正绝对值""跟随"和"负绝对值"三种信号电压，以适应各实验对输出信号极性的不同要求，电流反馈系数由电位器 R_{P1}、R_{P2} 来调节。电流信号由电流传感器进行检测。该电路数字显示表头显示被测信号电流，直流电流表量程为 0~10 A，交流电流表量程为 0~5 A。

4. 转速变换电路

转速变换电路是由光电编码器数模转换电路、数码管驱动电路等组成的脉冲检测与电压转换装置，如图2-5所示。

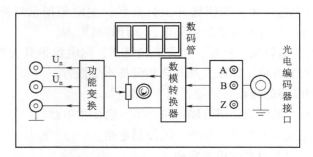

图 2-5 转速变换电路

其作用如下。

1) 直接将转速转换成脉冲信号，然后进行脉冲计数，最后经数码管显示出来，这样可以最大限度地保证转速的精度。

2) 输出转速数字信号,以适应数字反馈的需要。

3) 对数字脉冲信号进行采样、检测和数/模转换,输出转速模拟信号,反馈值大小可以通过调节电位器来调节。显示单元用 51 单片机直接读取光电编码器输出脉冲经转换再输出显示实际转速,准确可靠。

2.2 给定电路

给定电路原理如图 2-6 所示,R_{PG1}、R_{PG2} 为给定电位器,能提供 ±12 V 电压,并通过数码管显示。$A_1 \sim A_4$ 为运算放大器 LM324,U_{n1}^* 为阶跃输出端,U_{n2}^* 为经给定积分器后的积分输出端,J_1 为交流转向控制输出端。

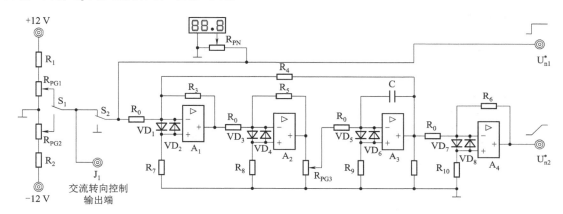

图 2-6 给定电路原理

给定电路调试要点如下。

1) 给定电路主要检查两只给定电位器 R_{PG1}、R_{PG2}(通常为多圈电位器)和开关 S_1、S_2 的接触是否良好。

2) 给定积分器部分应首先检查运算放大器 LM324 和积分电容 C 是否完好、工作状态是否正常等,并着重检查积分输出的斜率和线性度。

3) 图 2-6 中积分电容 C 的电容值在调试时允许适当变动,积分输出斜率则主要取决于电位器 R_{PG3},使用中应根据实际要求调整。

2.3 晶闸管主电路

晶闸管(thyristor)是晶体闸流管的简称,又称可控硅整流器(silicon controlled rectifier,SCR,简称可控硅)。晶闸管主电路包括两组晶闸管三相整流主电路和晶闸管桥式半控、全控主电路,该电路内部包括快速熔断器保护电路、晶闸管阻容吸收电路等。

两组晶闸管三相整流电路如图 2-7 所示,分别由六块高性能的单向晶闸管 BT151(5 A、500 V)组成,U、V、W 为三相电源,各个晶闸管都设置有阻容吸收电路和快速熔断器保护电路;为防止 di/dt、du/dt 对晶闸管的冲击,在晶闸管两端并联了阻容吸收电路;快速熔断

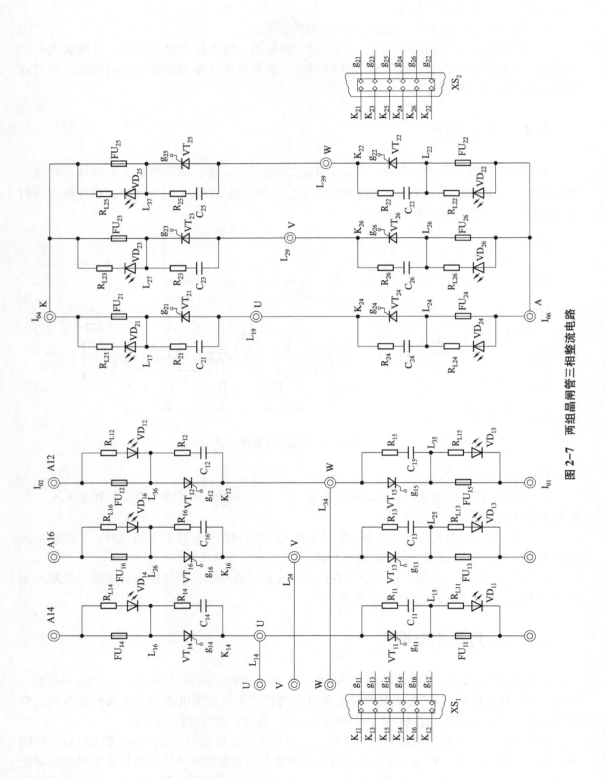

图 2-7 两组晶闸管三相整流电路

器的熔断与否由发光二极管指示。XS_1、XS_2 为排线接口，通过排线为晶闸管的门极提供触发脉冲。通过该电路上的器件可以做单相半波可控整流实验、三相半波可控整流实验、三相桥式全控整流实验。

晶闸管桥式半控、全控主电路如图 2-8 所示。为了保护晶闸管，在电路里面安装了保险丝，当过流时，保险丝熔断。通过该电路上的器件可以做单相桥式半控整流实验、单相全波可控整流实验等。

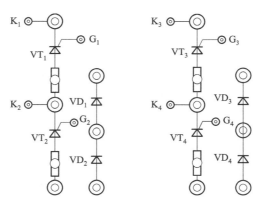

图 2-8　晶闸管桥式半控、全控主电路

2.4　智能功率模块主电路

智能功率模块（intelligent power module，IPM）主电路的核心是采用新型的电力电子器件 IPM 智能三相逆变桥功率模块（PM25RSB120）组成的交流三相逆变电路，其将功率变换、栅极驱动和保护电路集为一体。除 IPM 智能三相逆变桥功率模块外，还有四路专用稳压电源及六路光电隔离电路组成的外围电路。

1. PM25RSB120

PM25RSB120 的原理与结构如图 2-9 所示，其引脚名称及其使用特点如表 2-2 所示。由图 2-9 可见，它由七个绝缘栅双极型晶体管（insulated gate bipolar transistor，IGBT）功率开关构成三相逆变桥和制动电路，同时将栅极驱动、逻辑控制及其内部保护电路集成于一体。保护电路具有驱动欠电压、开关过电流、桥臂短路、过热等保护功能，并有故障自动检测能力。当其中任一故障发生时，该功率模块能自动、快速封锁栅极驱动而切断三相逆变桥。

PM25RSB120 的耐压为 1 200 V，额定工作电流为 25 A，允许三相输出电压最大为 440 V，开关时间 $t_{on} = 1.5$ μs，$t_{off} = 2.3$ μs。可用于额定开关频率 20 kHz、0.5 kW 以下的三相交流电动机变频调速控制，并包含制动控制电路。图 2-9 中功率模块内部 S_{UN}、S_{VN}、S_{WN}、S_{SM} 和 S_i 七个箭头所指为相应电压、电流和结温的检测和保护，更详细的介绍参考 PM25RSB120 的产品样本。

2. PM25RSB120 的外围电路

PM25RSB120 要求由四组各自独立的专用直流电源供电，各功率器件 $IGBT_1$ ～ $IGBT_6$ 的基极驱动应相互隔离。为此，研究者专门设计了由四路专用稳压电源及六路光电隔离电路组成的外围电路，如图 2-10 所示。由于上桥组功率器件 $IGBT_1$、$IGBT_3$、$IGBT_5$ 的发射极各自

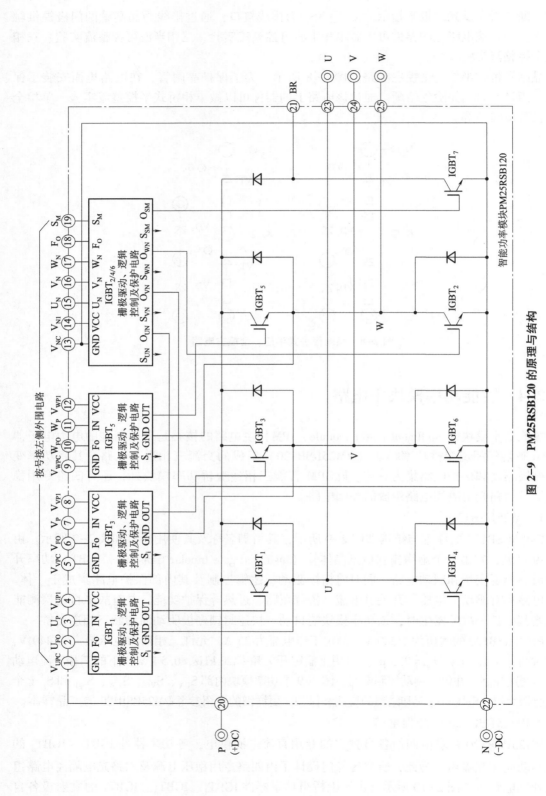

图 2-9 PM25RSB120 的原理与结构

表 2-2　PM25RSB120 引脚名称及其使用特点

引脚	符号	名称		使用特点	引脚	符号	名称		使用特点
1	V_{UPC}	上桥U相	电源负	隔离电源 0 V	13	V_{NC}	下桥组驱动	电源负	隔离电源 0 V
2	U_{FO}		副电源正	隔离电源 +5 V	14	V_{N1}		主电源正	隔离电源 +15 V
3	U_P		驱动输入	1 # $IGBT_1$ 驱动输入	15	U_N		U 相驱动	4 # $IGBT_4$ 驱动输入
4	V_{UP1}		主电源正	隔离电源 +15 V	16	V_N		V 相驱动	6 # $IGBT_6$ 驱动输入
5	V_{VPC}	上桥V相	电源负	隔离电源 0 V	17	W_N		W 相驱动	2 # $IGBT_2$ 驱动输入
6	V_{FO}		副电源正	隔离电源 +5 V	18	Fo		副电源正	隔离电源 +5 V
7	V_P		驱动输入	3 # $IGBT_3$ 驱动输入	20	P	功率器件	直流输入正	分别接不控整流器的正负输出端
8	V_{VP1}		主电源正	隔离电源 +15 V	22	N		直流输入负	
9	V_{WPC}	上桥W相	电源负	隔离电源 0 V	23	U		U 相输出	交流输出，接三相交流电动机
10	W_{FO}		副电源正	隔离电源 +5 V	24	V		V 相输出	
11	W_P		驱动输入	5 # $IGBT_5$ 驱动输入	25	W		W 相输出	按要求使用
12	V_{WP1}		主电源正	隔离电源 +15 V	21	BR		制动	
19	S_M		制动控制输入	按要求使用					

注：除了引脚 20~25 接功率器件外，其他引脚接驱动、保护等部分电路器件。

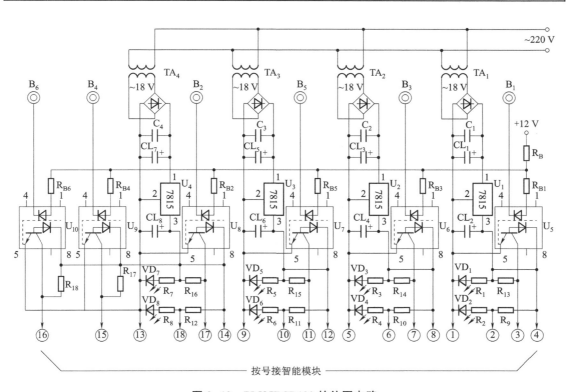

图 2-10　PM25RSB120 的外围电路

分离，故分别采用三端稳压块 $U_1 \sim U_3$（MC7815T）和光电隔离器 $U_5 \sim U_7$（TLP559）组成三组独立的直流电源和光电隔离电路。下桥组功率器件 $IGBT_2$、$IGBT_4$、$IGBT_6$ 的发射极公共连接，因此只需一路电源（三端稳压块 U_4），但其基极驱动仍需相互隔离，因此仍配置了三套光电隔离电路（$U_8 \sim U_{10}$）。IPM 主电源采用+15 V，由三端稳压块（MC7815T）产生，副电源分别通过 1 kΩ 和 2.7 kΩ 两个电阻分压获得，约+5 V。

第 3 章
典型电力电子器件实验

3.1 单结晶体管触发电路的研究

1. 实验目的
1) 加深理解单结晶体管触发电路的工作原理及各元件的作用。
2) 掌握单结晶体管触发电路各点的波形测试与分析方法。
3) 培养团队分工与合作能力,提升自身在团队中承担任务的能力。
2. 实验内容
1) 分析单结晶体管触发电路的工作原理。
2) 测试单结晶体管触发电路各点波形。
3. 实验设备与仪器
1) 单结晶体管触发电路。
2) 交直流电源及单相同步信号电源。
3) 双踪示波器、数字万用表等测试仪器。
4. 实验原理

单结晶体管触发电路具有结构简单、调试方便、脉冲前沿陡、抗干扰能力强等优点,广泛应用于 50 A 以下中小容量晶闸管的单相可控整流装置。

(1) 单结晶体管的结构

单结晶体管又称双基极二极管,有一个发射极和两个基极,外形和普通三极管相似。单结晶体管是在一块高电阻率 N 型半导体基片上引出两个欧姆接触电阻的电极,第一基极 B_1 和第二基极 B_2;在两个基极间靠近 B_2 处,用合金法或扩散法渗入 P 型杂质,引出发射极 E。单结晶体管的内部结构示意和电气图形符号如图 3-1 所示。

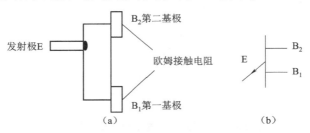

图 3-1 单结晶体管的内部结构示意和电气图形符号
(a) 内部结构示意;(b) 电气图形符号

B_2、B_1 间加入正向电压后，发射极 E、基极 B_1 间呈高阻特性。当 E 的电位达到 B_2、B_1 间电压的某一比值（如 59%）时，E、B_1 间立刻变成低电阻，这是单结晶体管最基本的特点。

触发电路常用的单结晶体管型号有 BT33 和 BT35 两种。B 表示半导体，T 表示特种管，第一个数字 3 表示有三个电极，第二个数字 3（或 5）表示耗散功率 300 mW（或 500 mW）。

(2) 单结晶体管的伏安特性

单结晶体管伏安特性实验电路及其等效电路如图 3-2 所示，将单结晶体管等效成一个二极管和两个电阻 R_{B1}、R_{B2} 组成的等效电路，那么当基极上加电压 U_{BB} 时，R_{B1} 上分得的电压为

$$U_A = \frac{R_{B1}}{R_{B1}+R_{B2}} U_{BB} = \frac{R_{B1}}{R_{BB}} U_{BB} = \eta U_{BB}$$

式中 η——分压比，是单结晶体管的主要参数，η 一般为 0.5~0.9。

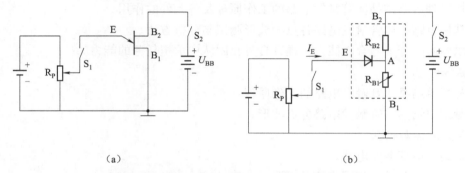

图 3-2 单结晶体管伏安特性实验电路及其等效电路
(a) 伏安特性实验电路；(b) 等效电路

下面分析单结晶体管的工作情况。

调节 R_P，使发射极电位 U_E 从零逐渐增加。当 $U_E < \eta U_{BB}$ 时，单结晶体管 PN 结处于反向偏置状态，只有很小的反向漏电流；当 U_E 比 ηU_{BB} 高出一个二极管的管压降 U_{VD} 时，单结晶体管开始导通，此时电压称为峰值电压 U_P，故 $U_P = \eta U_{BB} + U_{VD}$，发射极电流称为峰值电流 I_P，I_P 是单结晶体管导通所需的最小电流，单结晶体管发射极伏安特性曲线如图 3-3 所示。

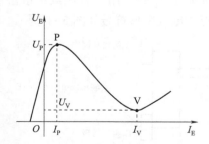

图 3-3 单结晶体管发射极伏安特性曲线

当 I_E 增大至一定程度时，载流子的浓度使其注入空穴遇到阻力，即电压下降到最低点，

这一现象称为饱和。欲使 I_E 继续增大，必须增大电压 U_E。由负阻区转化到饱和区的转折点 V 称为谷点。与谷点对应的电压和电流分别称为谷值电压 U_V 和谷值电流 I_V。谷值电压是维持单结晶体管导通的最小电压，一旦 U_E 小于 U_V，则单结晶体管将由导通转为截止。

综上所述，单结晶体管具有以下特点。

1) 当发射极电压等于峰值电压 U_P 时，单结晶体管导通；导通之后，发射极电压小于谷值电压 U_V 时，单结晶体管恢复截止。

2) 单结晶体管的峰值电压 U_P 与外加固定电压及其分压比 η 有关。

3) 不同单结晶体管的谷值电压 U_V 和谷值电流 I_V 都不一样。谷值电压在 2~5 V 之间。在触发电路中，常选用 η 稍大、U_V 稍低和 I_V 稍大的单结晶体管，以增大输出脉冲幅度和移相范围。

5. 实验电路的组成及实验方法

(1) 单结晶体管触发电路的组成

单结晶体管触发电路如图 3-4 所示。单结晶体管触发电路由同步电路、移相控制电路、脉冲形成与输出电路三部分组成。

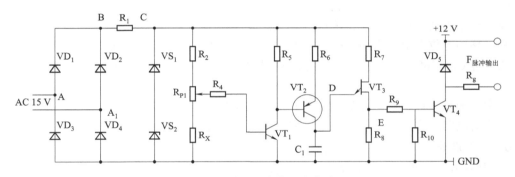

图 3-4 单结晶体管触发电路

1) 同步电路。

同步电路的同步电压（A、A_1）由交直流电源及单相同步信号电源提供。同步电压经桥式整流再经稳压二极管（又称齐纳二极管）VS_1、VS_2（4.7 V）削波为梯形波，梯形波的最大值是同步信号，也是触发电路的电源。当梯形波过零时，单结晶体管的电压 $U_{BB}=0$，故电容 C_1 经单结晶体管的发射极 E、第一基极 B_1、电阻 R_8 迅速放电，即每半个周期开始，电容 C_1 都基本上从零开始充电，进而保证每个周期触发电路送出一个距离过零时刻一致的脉冲。距离过零时刻一致即控制角 α 在每个周期相同，这样就实现了同步。

2) 移相控制电路。

晶体管 VT_1 和 VT_2 构成放大和移相环节，晶体管 VT_1 将移相电压和偏置电压综合，共同作用于 VT_2 为电容 C_1 提供恒流充电，使移相控制均匀。当调节使移相电位器 R_{P1} 增大时，单结晶体管充电到峰值电压 U_P 的时间（即充电时间）增大，第一个脉冲出现的时刻后移，即控制角 α 增大，实现了移相。

3) 脉冲形成与输出电路。

单结晶体管 VT_3 和电容 C_1 共同组成了触发电路的脉冲形成和输出环节，此时同步电源

通过 R_6 和晶体管 VT_2 向电容 C_1 进行充电，当电容 C_1 上的充电达到单结晶体管 VT_3 的峰值电压时，其发射极 E 与第一基极 B_1 导通；第一基极的电阻急剧减小，使得电容 C_1 通过单结晶体管的第一基极 B_1 和 R_8 迅速放电，电容 C_1 在放电的同时在 E 处形成尖脉冲电压，当电容 C_1 两端的电压下降到单结晶体管的谷点时，单结晶体管截止；截止后，同步电源再次通过 R_6、晶体管 VT_2 向电容器 C_1 充电，重复上述过程；触发信号由 E 点脉冲经功率放大得到。

（2）测试单结晶体管触发电路各点波形

1）打开系统总电源，将三相交流主电源相电压输出设定为 220 V。取其一相输出连接到交直流电源及单相同步信号电源输入端，其输出端 A 和 A_1 分别接单结晶体管触发电路的同步输入端 A 和 A_1，注意连线的极性。

2）依次闭合控制电路、主电路电源开关。

①测试桥式整流后的波形。

用双踪示波器观察单结晶体管触发电路经桥式整流后 B 点的波形，分析并记录。

②测试经稳压二极管削波后的波形。

用双踪示波器观察单结晶体管触发电路经稳压二极管削波后 C 点的波形，分析并记录。

注意：波形不正常则可能是稳压二极管有故障。

③观察锯齿波的周期变化，测试触发脉冲波形。

调节移相电位器 R_{P1} 看 D、E 点的波形（如果移相范围小，可能是电位两端串联的电阻阻值或电容 C_1 出错），观察 D 点锯齿波的周期变化，测试 F 点的触发脉冲波形，分析并记录。

注意：如果波形不对，可能是单结晶体管或三极管 VT_1、VT_2 出错。

④分析电路工作原理。实验完毕，依次关闭主电路、控制电路和系统电源。

6．实验报告

1）观察并记录单结晶体管触发电路各测试点输出电压波形。

2）通过实验现象分析单结晶体管触发电路的工作原理。

3）总结、分析实验中出现的各种现象。

3.2　单相锯齿波移相触发电路的研究

1．实验目的

1）加深理解单相锯齿波移相触发电路的工作原理及各元件的作用。

2）掌握单相锯齿波移相触发电路各点的波形测试与分析方法。

3）培养团队分工与合作能力，提升自身在团队中承担任务的能力。

2．实验内容

1）分析单相锯齿波移相触发电路的工作原理。

2）测试单相锯齿波移相触发电路各点波形。

3．实验设备与仪器

1）单相锯齿波移相触发电路。

2）交直流电源及单相同步信号电源。

3）双踪示波器、数字万用表等测试仪器。

4. 实验原理

目前国内生产的集成触发器有 KJ 系列和 KC 系列，国外生产的有 TCA 系列，下面简要介绍 KJ 系列的 KJ004 移相触发器的工作原理。

KJ004 电路原理如图 3-5 所示，集成触发电路由同步、锯齿波形成、移相、脉冲形成及脉冲分选等环节组成。

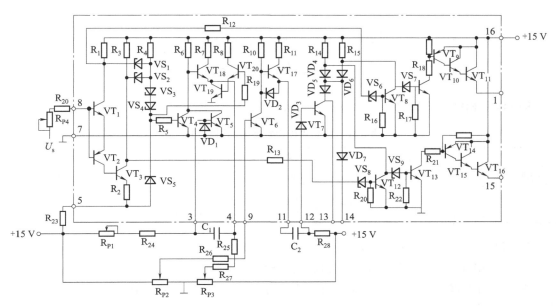

图 3-5　KJ004 电路原理

（1）同步环节

$VT_1 \sim VT_4$ 等组成同步环节，同步电压 U_s 经限流电阻 R_{20} 加到 VT_1、VT_2 的基极。在同步电压正半波 $U_s > 0.7\text{ V}$ 时，VT_1 导通，VT_4 截止；在同步电压负半波 $U_s < -0.7\text{ V}$ 时，VT_2、VT_3 导通，VT_4 截止；只有在 $|U_s| < 0.7\text{ V}$ 时，VT_4 导通。

（2）锯齿波形成环节

VT_4 截止时，C_1 充电，形成锯齿波的上升段，VT_4 导通时，C_1 放电，形成锯齿波的下降段，每个周期形成两个锯齿波。锯齿波宽度小于 180°。

（3）移相环节

VT_6 及外接元件组成移相环节，基极信号是锯齿波电压、偏移电压和控制电压的总和。改变 VT_6 基极电位，VT_6 导通时刻随之改变，实现脉冲移相。

（4）脉冲形成环节

VT_7 及外接元件等组成脉冲形成环节，电容 C_2 充电为左正右负，VT_7 导通。VT_6 导通时，其集电极电位突然下降，同时引起 VT_7 截止。电容 C_2 放电并反充电为左负右正。当 VT_7 基极电位 $U_{BE7} \geq 0.7\text{ V}$ 时，VT_7 导通，VT_7 集电极有脉冲输出。VT_7 集电极每个周期输出间隔 180° 的两个脉冲。

（5）脉冲分选环节

VT_8、VT_{12} 组成脉冲分选环节，脉冲分选保证同步电压正半周期 VT_8 截止，同步电压负

半周期 VT_{12} 截止，使触发电路在一周内有两个相位上相差 180°的脉冲输出。

KJ004 移相触发器的引脚分布如图 3-6 所示。

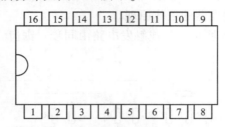

图 3-6　KJ004 移相触发器的引脚分布

KJ004 移相触发器的引脚功能如表 3-1 所示。

表 3-1　KJ004 移相触发器的引脚功能

引脚	1	2	3	4	5	6	7	8
功能	输出	空	锯齿波形成		-VCC	空	地	同步输入
引脚	9	10	11	12	13	14	15	16
功能	综合比较	空	微分阻容		封锁调制		输出	+VCC

5. 实验电路的组成及实验方法

（1）单相锯齿波移相触发电路的组成及原理

单相锯齿波移相触发电路示意如图 3-7 所示，本电路以 KJ004 锯齿波移相触发集成电路（IC）为核心配合少量外围器件构成，同步信号（A、B）由交直流电源及单相同步信号电源提供。在引脚 1 和引脚 15 输出相位差 180°的两个窄脉冲，输出信号经功率驱动，由端子 OUT_{11}、OUT_{12} 和 OUT_{21}、OUT_{22} 输出。引脚 16 接+15 V 电源，引脚 8 接同步电压，引脚 3、引脚 4 形成锯齿波，引脚 9 为锯齿波、偏移电压、控制电压综合比较输入。引脚 13、引脚 14 提供脉冲序列调制和脉冲封锁控制端。

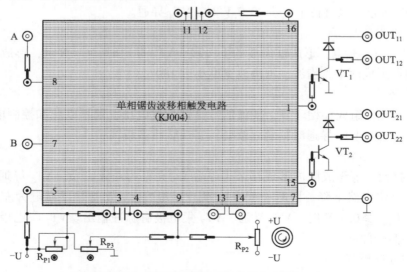

图 3-7　单相锯齿波移相触发电路示意

本单元有三个可调电位器：斜率电位器（R_{P2}）用来改变锯齿波斜率；移相电位器（R_{P1}）用来提供移相给定电压；偏移电位器（R_{P3}）用来提供偏置电压。

(2) 测试单相锯齿波移相触发电路各点波形

1) 打开系统总电源，将三相交流主电源相电压输出设定为 220 V。取其一相输出连接到交直流电源及单相同步信号电源的输入端，其输出端 A 和 B 分别连接到单相锯齿波移相触发电路的同步信号输入端 A 和 B。

2) 依次闭合控制电路、主电路电源开关。通过锯齿波测试点 4 脚观看锯齿波斜率和频率，其斜率通过调节电位器 R_{P1} 来实现，频率和同步信号相同，为 50 Hz。

3) 检查偏置电路，调节电位器 R_{P3}，使脉冲相位的输出范围刚好是 0°～180°。

4) 检测脉冲输出，调节移相电位器 R_{P2}，使单相锯齿波移相触发电路输出引脚 3、引脚 4 脉冲波形完好，移相准确。

5) 用示波器分别观测并记录触发电路的引脚 4、引脚 9、引脚 13、引脚 14、引脚 1、引脚 15 的波形。

6) 分析电路工作原理。实验完毕，依次关闭系统控制电路、主电路及系统总电源。

6. 实验报告

1) 观察并记录单相锯齿波移相触发电路各测试点输出电压波形。

2) 分析单相锯齿波移相触发电路的组成和工作原理。

3) 分析锯齿波触发电路与单结晶体管触发电路的区别。

4) 总结、分析实验中出现的各种现象。

3.3 三相锯齿波移相触发电路的研究

1. 实验目的

1) 加深理解三相锯齿波移相触发电路的工作原理。

2) 掌握三相锯齿波移相触发电路各点的波形测试与分析方法。

3) 培养团队分工与合作能力，提升自身在团队中承担任务的能力。

2. 实验内容

1) 分析三相锯齿波移相触发电路的工作原理。

2) 测试三相锯齿波移相触发电路各点波形。

3. 实验设备与仪器

1) 集成三相锯齿波移相触发电路。

2) 给定电路积分器。

3) 三相同步变压器。

4) 双踪示波器、数字万用表等测试仪器。

4. 实验原理

三相锯齿波移相触发器是直流调速系统、交流调压系统和串级调速的关键环节之一。该系列电路采用独有的先进集成电路工艺技术，有 TC787 和 TC788 两种型号，性能基本一致，两者都可单电源工作，亦可双电源工作，主要适用于三相晶闸管移相触发电路（TC787）和三相功率晶体管脉冲宽度调制（pulse width modulation，PWM）电路（TC788），用以构成多种交直流调速电路和变流装置。TC787 移相触发集成电路的触发特性如图 3-8 所示。

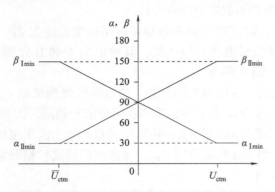

图 3-8　TC787 移相触发集成电路的触发特性

TC787 是目前国内市场上广泛流行的 TCA785 及 KJ（或 KC）系列移相触发集成电路的换代产品，与 TCA785 及 KJ（或 KC）系列集成电路相比，具有功耗小、功能强、输入阻抗高、抗干扰性能好、移相范围宽、外接元件少等优点，装调简便，使用可靠。一块 TC787 就可以完成三块 TCA785 与一块 KJ041、一块 KJ042 或五块 KJ（或 KC）系列器件（三块 KJ004、一块 KJ041、一块 KJ042）组合才能具有的三相移相功能。TC787 移相触发集成电路的原理如图 3-9 所示。

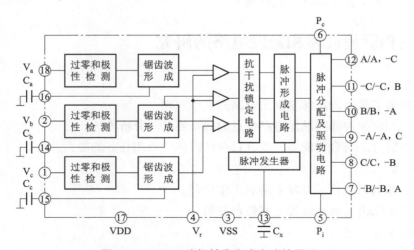

图 3-9　TC787 移相触发集成电路的原理

TC787 适用于主功率器件是晶闸管的三相桥式全控或在其他拓扑电路结构的系统中作为功率晶闸管的移相触发电路。TC788 适用于功率晶体管或 IGBT 为功率单元的三相桥式全控电路或在其他拓扑电路结构的系统中作为 PWM 波产生电路。两者的主要特点如下。

1）TC787 及 TC788 均可同时产生六路相序互差 60° 的输出脉冲，其中 TC787 输出为脉冲序列，适用于触发晶闸管及感性负载；TC788 输出为方波，适用于驱动晶体管。

2）TC787 及 TC788 三相触发脉冲的触发控制角均可在 0°～180° 范围内连续同步改变，

且对零点识别可靠，可用作过零开关。

3）TC787 及 TC788 均为标准双列直插式有 18 个引脚的集成电路，其引脚排列已标明于图 3-9 中，其中引脚 1（V_c）、引脚 2（V_b）及引脚 18（V_a）是三相同步电压输入端，分别接经输入滤波后的同步电压，同步电压的峰值不应超过 TC787 及 TC788 的电源电压 VDD。

4）TC787 及 TC788 在单双电源下均能正常工作，适用电源范围广。单电源工作时，引脚 3（VSS）接地，引脚 17（VDD）允许施加正电压范围为 8~18 V。双电源工作时，引脚 3（VSS）接负电源-9~-4 V，引脚 17（VDD）接正电源+4~+9 V。

5）TC787 及 TC788 的引脚 6（P_c）为工作模式设置端，高电平 1 为双脉冲输出方式，低电平 0 为单脉冲输出方式。在半控单脉冲工作模式下（引脚 6 接地），引脚 8（C）、引脚 10（B）、引脚 12（A）分别为与三相同步电压正半周期对应的同相触发脉冲输出端，引脚 7（-B）、引脚 9（-A）、引脚 11（-C）分别为与三相同步电压负半周期对应的反相触发脉冲输出端；在设置为全控双窄脉冲工作模式时（引脚 6 接 VDD），引脚 8（C、-B）、引脚 12（A、-C）、引脚 11（-C、B）、引脚 9（-A、C）、引脚 7（-B、A）、引脚 10（B、-A）分别为相应相的两个双脉冲输出端，应用中各输出端均接脉冲功率放大器或脉冲变压器。

6）TC787 及 TC788 的引脚 14（C_b）、引脚 15（C_c）、引脚 16（C_a）分别与对应之三相同步电压的锯齿波电容相连，所连接电容的大小决定了移相锯齿波的斜率和幅值，应用中分别通过一个相同容量的电容接地。

7）TC787 及 TC788 的引脚 4（V_r）为移相控制电压输入端，应用中接移相控制电压 U_{ct}，其电压幅值最大为 TC787 或 TC788 的工作电源 VDD 电压。

8）TC787 及 TC788 的引脚 13（C_x）端连接的电容 C_x 的容量将决定 TC787 或 TC788 输出脉冲的宽度，其容量越大，脉冲宽度越宽。

9）TC787 及 TC788 内部有移相控制电压与锯齿波同步电压交点的锁定电路，抗干扰能力强，电路自身具有输出禁止端引脚 5（P_i），用以按逻辑要求封锁相应组别的触发脉冲输出（如逻辑无环流可逆系统），故障状态下用以封锁 TC787 或 TC788 的脉冲输出。输出禁止端引脚 5（P_i）高电平有效（加高电平封锁输出触发脉冲），应用中连接逻辑控制（需要时）和保护电路的输出，以实现按逻辑控制以及过电流、过电压保护，保证系统安全。

5. 实验电路的组成及实验方法

(1) 三相锯齿波移相触发电路的组成及原理

三相锯齿波移相触发电路如图 3-10 所示。

(2) 测试三相锯齿波移相触发电路各点波形

1）打开系统总电源，连接给定电路输出端 U_n^* 与触发单元三相锯齿波移相触发器的输入端 U_k，两单元信号地相连。

2）连接三相同步变压器单元输出口 XST 与三相锯齿波移相触发器同步信号输入口 XST。

3）闭合控制电路。将给定电路的给定极性设置为正，调节正给定电位器，观察同步电压测试点 a、b、c，并记录各点波形。

4）给定电路的给定极性为正，调节正给定电位器，将给定电压信号从"0"逐渐增大，观察同步电压测试点 a 和 G_{11} 之间相位关系的变化，并继续增大给定电压信号直到相位 G_{11} 不再继续变化。在表 3-2 中记录同步电压测试点 a 和 G_{11} 之间相位关系，并记录各点波形，分析电路工作原理。

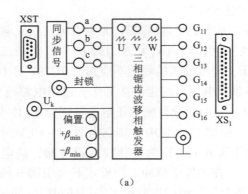

(a)

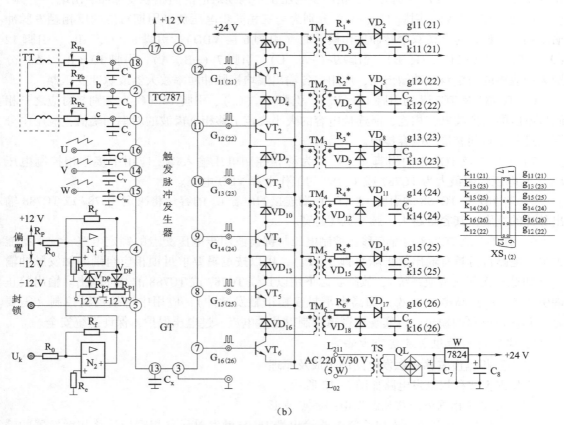

(b)

图 3-10 三相锯齿波移相触发电路

(a) 三相锯齿波移相触发电路示意;(b) 三相锯齿波移相触发电路原理

表 3-2 同步电压和 G_{11} 之间相位关系

U_k	同步电压测试点 a 和 G_{11} 之间相位角
0	
最大值_____	

5）给定电压为0，观察三相锯齿波移相触发器上的六个触发脉冲信号相对于同步变压器输出端 a 相电压的控制角度，并记录在表 3-3 中。

表 3-3　触发脉冲信号相对于同步变压器输出端 a 相电压的控制角度

通道	G_{11}	G_{12}	G_{13}	G_{14}	G_{15}	G_{16}
控制角度	0°					

6）分析电路工作原理。实验完毕，依次断开控制电路及系统总电源。

6. 实验报告

1）观察并记录触发电路各测试点输出电压波形。
2）通过实验结果分析三相锯齿波移相触发电路的工作原理。
3）三相锯齿波移相触发电路的移相范围能否达到180°？移相范围与哪些参数有关？
4）总结、分析实验中出现的各种现象。

3.4　单相 PWM、正弦 PWM 波形发生电路的研究

1. 实验目的

1）加深理解单相 PWM、正弦 PWM 波形发生电路的工作原理及各元件的作用。
2）掌握单相 PWM、正弦 PWM 波形发生电路各点的波形测试与分析方法。
3）培养团队分工与合作能力，提升自身在团队中承担任务的能力。

2. 实验内容

1）分析单相 PWM、正弦 PWM 波形发生电路的工作原理。
2）测试单相 PWM 各点波形。
3）测试正弦 PWM 各点波形。

3. 实验设备与仪器

1）单相多功能 PWM 波形发生电路。
2）双踪示波器、数字万用表等测试仪器。

4. 实验原理

单相 PWM、正弦 PWM（sine PWM，SPWM）波形发生电路由三角波发生器（见图 3-11）、正弦波发生器（见图 3-12）、延迟电路、脉冲变换电路、脉冲同步处理电路和脉冲功率驱动电路六部分组成。

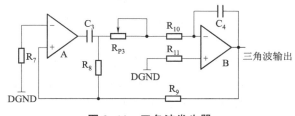

图 3-11　三角波发生器

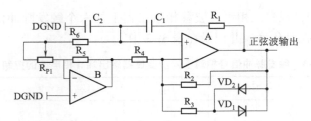

图 3-12 正弦波发生器

1) 由三角波发生器、正弦波发生器和延迟电路可以构成单相 SPWM 波形发生电路,可以做单相 PWM 技术实验和交流斩波调压等电力电子实验,如三角波、直流信号和给定延迟电路可组合成 PWM 波触发电路。因此,可以用它来做各种开关实验、全控型电力电子器件实验等。

2) 脉冲变换电路主要应用于软开关电路实验。在软开关电路实验中,主开关管和辅助开关管导通时间不一致,因而要对 PWM 波进行移相,使主辅开关管导通、关断保持一定的顺序。PWM 波在内部就已经接入脉冲变换电路,这样简化了实验接线线路。

脉冲变换电路原理如图 3-13 所示,脉冲变换主要是通过一些逻辑运算和信号延迟电路处理,最终达到移相目的,其原理结构比较简单,不再赘述。

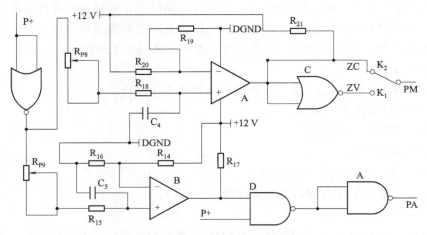

图 3-13 脉冲变换电路原理

3) 脉冲同步处理电路如图 3-14 所示,该电路主要由两个 D 触发器、四个非门和一个与非门构成。非门 D 和 E 和电容电阻构成时钟电路提供时钟信号给 D 触发器 A,D 触发器 A、电位器 R_{P4} 和非门 B 等组成触发器延迟复位电路,通过改变电位器 R_{P4} 延迟复位时间,就可以改变导通时间及关断时间。

同步信号输入后经过稳压二极管转换成梯形波,当通过非门 C 后,正弦波上升沿和下降沿就会被测到,并转换成窄脉冲,同时成为 D 触发器 B 的时钟。D 触发器 A 的 Q 输出端与 D 触发器 B 相连,其控制着导通时间及关断时间,这样和同步信号一起经过 D 触发器 B,然后从 $\overline{Q}$ 端输出频率信号,在和 PWM 波的脉冲经与非门作用后对晶闸管进行控制。

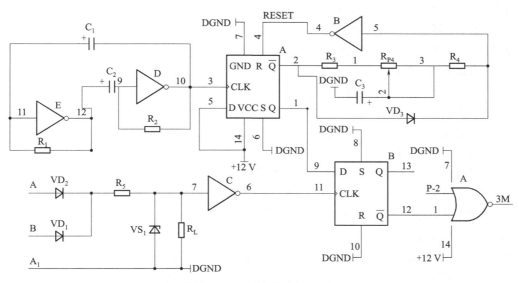

图 3-14 脉冲同步处理电路

4）脉冲功率驱动电路主要是对上述各种脉冲信号进行放大，其电路结构及应用都比较简单。

5. 实验电路的组成及实验方法

（1）单相 PWM、SPWM 波形发生电路组成及原理

单相 PWM、SPWM 波形发生电路如图 3-15 所示，其中，P+、P-为两路相位互差 180°的 PWM 或 SPWM 波形输出端口；A、A_1、B 为同步信号引入端；M 为信号输出，供单相调功电路使用；PM、PA 是软开关电路实验中辅助开关管脉冲输出端；IN_1、IN_2 为两路脉冲功率放大电路的输入端口，将 P+、P-信号输出引入其端口，通过放大输出。

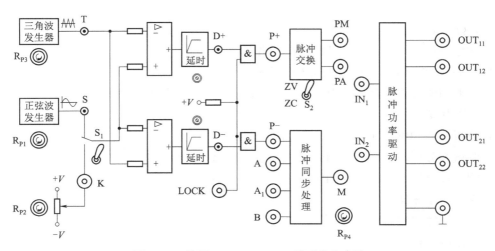

图 3-15 单相 PWM、SPWM 波形发生电路

单相 PWM、SPWM 波形发生电路为多功能波形发生电路，可以实现 PWM 波形发生、

SPWM 波形发生以及单相调功电路的可控宽度脉冲序列的产生等。电路中包含三角波发生器、正弦波发生器、直流电压给定、死区生成电路、软开关控制脉冲生成电路、调功控制脉冲生成电路以及脉冲功率放大电路。

(2) 测试单相 PWM 波形

1) 打开系统总电源，闭合控制电路。将单相多功能 PWM 波形发生电路的开关 S_1 向下拨，此时波形发生器为 PWM 波形发生器。

2) 调节给定电位器 R_{P2}，观测 P+、P-波形，改变给定电压，观测波形变化情况，记录不同给定情况下的输出波形。

3) 分析电路工作原理。实验完毕，断开控制电路。

(3) 测试单相 SPWM 波形

1) 闭合控制电路。将单相多功能 PWM 波形发生电路的开关 S_1 向上拨，此时波形发生器为 SPWM 波形发生器。

2) 调节正弦波给定电位器 R_{P1}，观测 P+、P-端对地的波形，改变正弦波的电压和频率（调节 R_{P1}），观测波形变化情况，记录不同给定情况下的输出波形。

3) 分析电路工作原理。实验完毕，依次断开控制电路及系统总电源。

6. 实验报告

1) 观察并记录 PWM 波形发生电路各测试点输出电压波形。

2) 分析 PWM 波形发生电路的工作原理。

3) 观察并记录 SPWM 波形发生电路各测试点输出电压波形。

4) 分析 SPWM 波形发生电路的工作原理。

5) 总结、分析实验中出现的各种现象。

3.5 三相 SPWM 波形发生电路的研究

1. 实验目的

1) 掌握三相 SPWM 波形发生电路的工作原理。

2) 掌握三相 SPWM 波形发生器的测试及分析。

3) 培养团队分工与合作能力，提升自身在团队中承担任务的能力。

2. 实验内容

1) 分析三相 SPWM 波形发生电路的工作原理。

2) 测试并分析基本型三相 SPWM 波形发生电路。

3) 测试并分析改进型三相 SPWM 波形发生电路。

3. 实验设备与仪器

1) 三相脉宽控制器。

2) 给定电路积分器。

3) 双踪示波器、数字万用表等测试仪器。

4. 实验原理

三相脉宽控制器中包括 SPWM 技术和马鞍波 PWM 技术。SPWM 技术用于交流电动机的变频调速，可以大大提高交流调速的性能指标，减少谐波含量，提高效率，运转平稳，降低噪声，受到广泛应用。

SPWM 的基本思想是保持输出脉冲的电压幅度不变，通过调节脉冲的宽度和间隔实现其平均值接近正弦变化，异步电动机变频调速装置几乎都采用了 SPWM 技术。马鞍波 PWM 技术是在正弦波 PWM 技术上，给正弦波注入三次谐波，因其波形形状像马鞍而得名。马鞍波 PWM 技术改善了 SPWM 技术中在低频时输出电压幅值低和波形畸变等现象。

三相 SPWM 控制器的组成如图 3-16 所示。整个电路由压频变换电路、恒压频比（U/F）参考正弦波的生成电路、三相 SPWM 驱动输出电路以及三角波发生器等部分组成。

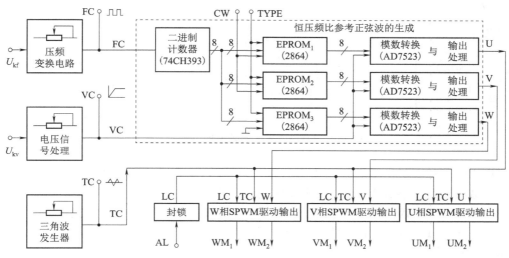

图 3-16 三相 SPWM 控制器的组成

（1）压频变换电路

压频变换电路通过芯片 AD654 实现压频变换。芯片 AD654 是压频变换电路的核心器件，输出为一个频率 f_{FC} 与输入（频率信号）电压 U_{kf} 成比例的方波脉冲序列，即 $f_{FC} = kU_{kf}$。

（2）恒压频比参考正弦波的生成电路

恒压频比参考正弦波生成电路由二进制计数器可擦编程只读存储器（EPROM）模数转换与输出处理等环节组成。

本系统采用了查表法生成恒压频比参考正弦波。如图 3-16，由双四位二进制计数器 74CH393 组成的计数电路 P（P_1、P_2），以 $2^8 = 256$ 个脉冲为周期对输入方波循环计数，计数的循环频率为（$f_{FC}/256$），其 8 位输出作为 EPROM（2864）的地址。三块 EPROM（$EPROM_1$、$EPROM_2$、$EPROM_3$）中分别存储三组参考正弦波幅值的数字量与注入三次谐波的马鞍波的数字量。该参考正弦波幅值已在一个周期内作 256 的分段处理和相应的数值换算。$EPROM_1$、$EPROM_2$、$EPROM_3$ 中所存数据相位互差 120°，并依据其引脚 25 的电平（1 或 0）区分。EPROM（2864）的引脚 24、引脚 25 相当于数选端，其读出数据与数选电平 TYPE、相序控制端 CW 相关。当其引脚 24 为低电平时，EPROM 读出正弦波幅值的数字量，当其引脚 24 为高电平时，EPROM 读出马鞍波幅值的数字量，从而实现正弦波和马鞍波的调制的选择。当 2864 的引脚 25 为高电平时，$EPROM_1$ 读出 U 相存储数、$EPROM_2$ 读出 V 相

（相差 120°）存储数，而 EPROM$_3$ 的引脚 25 一直接高电平，输出数据一直是 W 相存储数。当其引脚 25 为低电平时，EPROM$_1$ 读出 V 相存储数、EPROM$_2$ 读出 U 相存储数。EPROM$_1$、EPROM$_2$ 的引脚 25 的电平则通过相序控制端 CW 控制，从而方便地实现了相序切换。

三块模数转换芯片（AD7523）AD$_1$、AD$_2$、AD$_3$ 和运算放大电路分别将 EPROM$_1$、EPROM$_2$、EPROM$_3$ 读出的代表参考正弦波幅值的两路存储数转换为模拟量输出，AD7523 及其与输出模拟量的关系如图 3-17 所示。

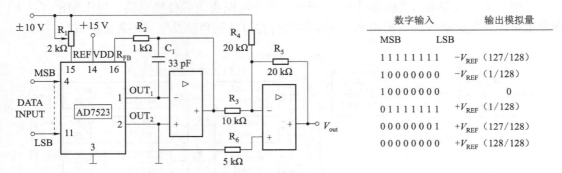

图 3-17　AD7523 及其与输出模拟量的关系

下面以数字量表示参考正弦波幅值（EPROM 存储数 N_{EPR}）及其相应输出模拟量的计算，由于数模转换时小数被舍去，为减小误差，计算时应在数模转换前先进行四舍五入。

设参考正弦波的幅值为 1，为了存储整个参考正弦波，须将整个波形上移一个幅值，即令 $u = \sin(\omega t) + 1$，将参考正弦波的一个周期按 $2^8 = 256$ 进行分段处理，得出地址数 N_{AD} 与相位角 ωt 的关系为

$$\omega t = N_{AD} \times 360°/256 \tag{3-1}$$

或

$$N_{AD} = (\omega t) \times 256/360° = [(\omega t) \times 256/360°]_2$$

不同相位角时的存储数 N_{EPR} 为

$$N_{EPR} = 256 \times 0.5 \times (\sin(\omega t) + 1) = 128 \times (\sin(\omega t) + 1)$$
$$= [128 \times (\sin(\omega t) + 1)]_2 \tag{3-2}$$

涉及参考电平 V_{REF}，并考虑到输出模拟量 V_{out} 是 AD7523 的 OUT$_1$ 经过反相后与 V_{REF} 叠加后的输出，而且图 3-17 中电阻 R$_1$、R$_2$ 实际上不用，即 $R_1 = R_2 = 0$，比值 $R_4/R_3 = 2$，于是数模变换的输出模拟量 V_{out} 为

$$V_{out} = -2 \times V_{REF} \times 0.5 \times (\sin(\omega t) + 1) + V_{REF}$$
$$= -V_{REF} \times \sin(\omega t) \tag{3-3}$$

由式（3-2）、式（3-3），经整理可得

$$V_{out} = -V_{REF} \times \sin(\omega t) = V_{REF} \times (128 - N_{EPR})/128 \tag{3-4}$$

实际电路中，参考电平 REF 端（引脚 15）直接引自电压信号处理电路的输出 U_{VC}，以保证压频比恒定。考虑到对输出模拟量 V_{out} 的反相和整形，且 $V_{REF} = -U_C$（令 $U_C = |U_{VC}|$），则

$$U = -V_{out} = -U_C \times \sin(\omega t) = -U_C \times (128 - N_{EPR})/128 \tag{3-5}$$

（3）三相 SPWM 驱动输出电路

U、V、W 三相的电路结构和原理完全相同，以 U 相为例说明。U 相 SPWM 驱动输出电路如图 3-18 所示，参考正弦波信号 U、三角载波信号 TC（来自三角波发生器）以及偏置电

压分别经运放电路 1A、2A 和 1B、2B 调制成相位互差 180°的上下桥臂两个 SPWM 驱动信号。电阻 R_4、R_6 和电容 C_{dE}、C_{dD} 用以设置上下桥臂两个驱动信号的死区时间，以防止上下桥臂两个 IGBT 的直接导通。运放电路 1B 和 2B 的反相输入端引入封锁信号 LOCK，既能满足某些系统的特殊要求，又可作故障信号的引入以保护功率模块。封锁信号 LOCK 由封锁输入端电平 AL 经三极管开关电路取得。

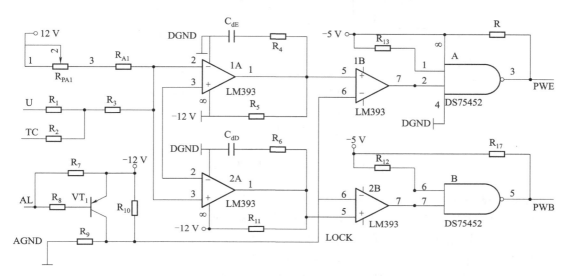

图 3-18 U 相 SPWM 驱动输出电路

（4）三角波发生器

三角波发生器如图 3-19 所示，运放电路 A_{51} 是启动电路，A_{52} 是积分电路，电位器 R_{PT} 用以调节三角波频率，即 SPWM 控制的载波比。本系统未采用多载波比分段自动切换式，在功率器件开关频率允许的条件下，载波比应选大一些，以减小低频时的谐波影响。

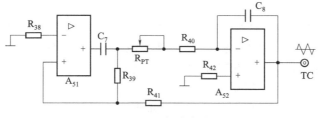

图 3-19 三角波发生器

5. 实验电路的组成及实验方法

（1）三相 SPWM 波形发生电路的组成及原理

三相 SPWM 波形发生器示意如图 3-20 所示。U_{kv} 为电压控制端，控制调制信号电压幅值；U_{kf} 为频率控制端，控制调制信号的频率。TC 为三角波测试端，VC 为幅值测试端，FC 为频率测试端。数显表指示调制信号的频率，TYPE 为模式控制端，设置波形发生器的工作模式，该端接地为基本 SPWM 工作模式，悬空为改进型（三次谐波注入）SPWM 工作模式。FR 为相序控制端，悬空为正序，接地为逆序，通过转向控制单元对其进行控制。"封锁"

端用来封锁输出脉冲信号。U、V、W 为三相调制信号的测试端。UM_1、UM_2、VM_1、VM_2、WM_1、WM_2 为 SPWM 输出脉冲测试端。

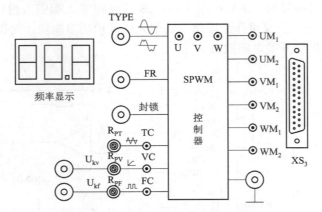

图 3-20 三相 SPWM 波形发生器示意

（2）测试并分析基本型三相 SPWM 波形发生电路

1）打开系统总电源，连接给定电路积分器阶跃输出信号与波形发生单元三相脉宽控制器的频率控制端 U_{kf} 和电压控制端 U_{kv}，两单元的信号地也要通过导线相连。

2）闭合控制电路。将给定电路积分器的极性开关拨向正，阶跃开关输出为正，三相脉宽控制器模式控制端 TYPE 接信号地，此时波形发生器为基本型 SPWM 波形发生器。

3）调节给定电位器 R_{PT}，用示波器观察各测试点波形及六路脉冲占空比的变化规律，测量死区时间。

4）改变给定电压，将相应的频率记录在表 3-4 中。

表 3-4 三相 SPWM 波形发生器给定电压与频率的关系

控制电压	1 V	2 V	3 V	4 V	5 V	6 V	7 V	8 V
SPWM 频率								

5）分析电路工作原理。实验完毕，依次断开控制电路及系统总电源。

（3）测试并分析改进型三相 SPWM 波形发生电路

将三相脉宽控制器模式控制端 TYPE 悬空，此时波形发生器为改进型 SPWM 波形发生器。参考基本型三相 SPWM 波形发生电路测试步骤，自拟实验过程。

6. 实验报告

1）观察并记录基本型三相 SPWM 波形发生电路各测试点输出电压波形。

2）观察并记录改进型 SPWM 波形发生电路各测试点输出电压波形。

3）分析电路的工作特性及工作原理。

4）分析改进型 SPWM 波形发生器与基本型波形发生器的区别。

5）总结、分析实验中出现的各种现象。

3.6 晶闸管的特性与触发实验

1. 实验目的
1) 掌握晶闸管的工作特性和工作原理。
2) 掌握晶闸管的触发电路的工作原理。
3) 掌握晶闸管的缓冲电路的作用。

2. 实验内容
1) 晶闸管的导通与关断条件的验证。
2) 晶闸管的触发电路的测试。
3) 并联缓冲电路的作用分析。
4) 双向晶闸管的特性实验。

3. 实验设备与仪器
1) 晶闸管及其驱动电路。
2) 单相锯齿波移相触发电路。
3) 单相多功能 PWM 波形发生电路。
4) 交直流电源及单相同步信号电源。
5) 电阻负载（735 Ω）。
6) 双踪示波器、数字万用表等测试仪器。

4. 实验原理

晶闸管的派生器件主要有快速晶闸管、逆导晶闸管、双向晶闸管、光控晶闸管等特殊晶闸管。目前在工业上，晶闸管仍然是相控式电力电子技术的核心器件，主要用于整流、逆变、调压、开关等，其中应用最多的是整流。

（1）晶闸管的结构及导通条件

1) 晶闸管的结构。

晶闸管的外形、结构和电气图形符号如图 3-21 所示。从外形上来看，晶闸管主要有螺栓型和平板型两种封装结构，均引出阳极 A、阴极 K 和门极（控制端）G 三个连接端。内部是 PNPN 四层半导体结构，分别命名为 P_1、N_1、P_2、N_2 四个区。P_1 区引出阳极 A，N_2 区引出阴极 K，P_2 区引出门极 G。

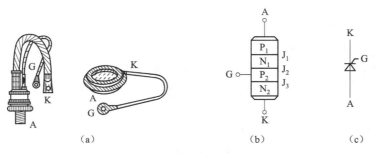

图 3-21 晶闸管的外形、结构和电气图形符号
(a) 外形；(b) 结构；(c) 电气图形符号

2) 晶闸管导通条件。

晶闸管导通须具备两个条件。

①晶闸管的阳极与阴极之间加正向电压。

②晶闸管的门极与阴极之间加正向电压和电流。

晶闸管一旦导通，门极即失去控制作用，故晶闸管为半控型器件。

为使晶闸管关断，必须使其阳极电流减小到一定数值以下，可通过使阳极电压减小到零或反向的方法来实现。

(2) 晶闸管触发电路的基本要求

晶闸管触发电路的作用是产生符合要求的门极触发脉冲，保证晶闸管在需要的时刻由阻断转为导通。广义上讲，晶闸管触发电路往往还包括对其触发时刻进行控制的相位控制电路，但这里专指触发脉冲的放大和输出环节。

晶闸管触发电路应满足下列要求。

1) 触发脉冲的宽度应保证晶闸管可靠导通，如感性负载（L 负载）和反电动势负载（E 负载）的变流器应采用宽脉冲或脉冲序列触发。

2) 触发脉冲应有足够的幅度，在户外寒冷的场合，脉冲电流的幅度应增大为器件最大触发电流的 3~5 倍，脉冲前沿的陡度也须增加，一般须达 $1~2$ A/μs。

3) 触发脉冲应不超过晶闸管门极的电压、电流和功率定额，且在门极伏安特性的可靠触发区域之内。

4) 晶闸管触发电路应有良好的抗干扰性能、温度稳定性并与主电路电气隔离。

理想的晶闸管触发脉冲电流波形如图 3-22 所示。

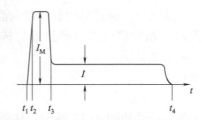

图 3-22　理想的晶闸管触发脉冲电流波形

$t_1 \sim t_2$——脉冲前沿上升时间（<1 μs）；$t_2 \sim t_3$——强脉冲宽度；

I_M——强脉冲幅值（$3I_{GT} \sim 5I_{GT}$）；$t_3 \sim t_4$——脉冲宽度；

I——脉冲平顶幅值（$1.5I_{GT} \sim 2I_{GT}$）

I_{GT} 含义为控制极触发电流，又称触发电流。

(3) 晶闸管触发电路的形式

晶闸管触发电路与主电路间要进行有效的电气隔离，以保证电路可靠工作，实际电路中通常采用脉冲变压器或光电隔离器进行隔离。带脉冲变压器的触发电路如图 3-23 所示，当 VT_1 导通时，脉冲变压器 TP 向晶闸管的门极和阴极之间输出触发脉冲。VD_1 和 R_2 是为了 VT_1 由导通变为截止时脉冲变压器 TP 释放其储存的能量而设的。为了获得触发脉冲波形中的强脉冲，附加强触发环节，如图 3-23 中虚线框所示。

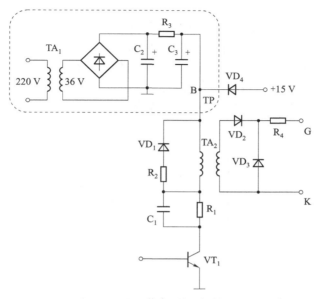

图 3-23 带脉冲变压器的触发电路

（4）晶闸管的缓冲电路

下面介绍晶闸管的缓冲电路。缓冲电路（snubber circuit）又称吸收电路，其作用是抑制电力电子器件的内因过电压、du/dt 或者过电流 di/dt，减小器件的开关损耗。

缓冲电路分为关断缓冲电路和导通缓冲电路。

1）关断缓冲电路又称 du/dt 抑制电路，用于吸收器件的关断过电压和换相过电压，抑制 du/dt，减小关断损耗。

2）导通缓冲电路又称 di/dt 抑制电路，用于抑制器件导通时的过电流 di/dt，减小器件的导通损耗。

3）复合缓冲电路是指将关断缓冲电路和导通缓冲电路结合在一起的电路。

通常缓冲电路专指关断缓冲电路，而将导通缓冲电路区别称为 di/dt 抑制电路。

关断缓冲电路是在晶闸管两端并联 RC 缓冲电路，如图 3-24 所示。利用电容的充电作用，可降低晶闸管反向电流减小速度，使电压数值下降。电阻可以减弱或消除晶闸管阻断时产生的过电压，R、L、C 与交流电源刚好组成串联振荡电路，限制晶闸管导通时的电流上升率。晶闸管承受正向电压时，电容 C 被充电，极性如图 3-24 所示。当晶闸管被触发导通时，电容 C 要通过晶闸管放电，如果没有 R 限制，这个放电电流会很大，以致损坏晶闸管。

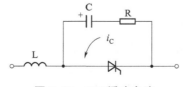

图 3-24 RC 缓冲电路

(5) 双向晶闸管

双向晶闸管（bidirectional thyristor，BTR）是把两个反向并联的晶闸管集成在同一硅片上，用一个控制门极触发的组合型器件。双向晶闸管等效电路及电气图形符号如图 3-25 所示，它有两个主极 T_1 和 T_2，一个门极 G。这种结构使它在两个方向都具有和单个晶闸管同样的对称开关特性，且伏安特性相当于两只反向并联的分立晶闸管，不同的是它由一个门极进行双方向控制，因此可以认为是一种控制交流功率的理想器件。

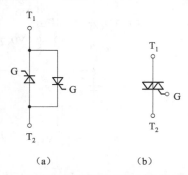

图 3-25　双向晶闸管等效电路及电气图形符号
(a) 等效电路；(b) 电气图形符号

双向晶闸管主要用于阻性负载作相位控制，也可用于固态继电器及电动机的控制等，其供电频率通常被限制在工频左右，一般不能用于感性负载。

5. 实验电路的组成及实验方法

(1) 实验电路组成及原理

触发晶闸管导通，门极的脉冲电流必须有足够大的幅值和持续时间以及尽可能短的电流上升时间，控制电路和主电路的隔离通常也是必要的；因此采用脉冲变压器触发电路，专门作为晶闸管的驱动。两组脉冲变压器触发电路如图 3-26 所示，脉冲变压器的二次侧有相同的两组输出，使用时可以任选其一。注意变压器的输入极性不能接反，如果接反了就会没有脉冲输出。

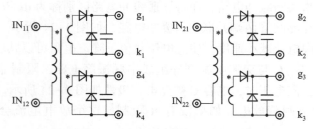

图 3-26　两组脉冲变压器触发电路

(2) 晶闸管的导通与关断条件的验证

1) 打开系统总电源，将三相交流主电源相电压设定为 220 V；取其一路输出连接到 AC 15 V 交流电源的输入端，经过整流滤波后输出端通过电阻 R 与晶闸管连接。

2) 将单相多功能 PWM 波形发生电路的开关 S_1 向上拨，将给定输出端子 K、信号地与晶闸管 VT_1 的门极、阴极连接。

3)闭合控制电路,调节单相多功能 PWM 波形发生电路的电位器 R_{P2} 使输出端子 K 输出电压为 0 V;闭合控制电路、主电路电源开关,用示波器测量晶闸管 VT_1 A 和 K 两端电压并填入表 3-5 中。

4)调节电位器 R_{P2} 使输出端子 K 电压升高,监测晶闸管 VT_1 A 和 K 两端的电压情况,记录使晶闸管 VT_1 由截止变为导通的门极电压值,它正比于通入晶闸管 VT_1 门极的电流 I_G;VT_1 导通后,反向改变电位器 R_{P2} 使输出端子 K 的电压缓慢回到 0 V,同时监测 VT_1 A 和 K 两端的电压情况,并填入表 3-5 中。

表 3-5 晶闸管特性测试

门极电压	晶闸管 VT_1 A 和 K 两端电压		晶闸管的状态
$U_G = 0$	直流电源	$U_{AK} =$	
	交流电源	$U_{AK} =$	
$U_G =$	直流电源	$U_{AK} =$	截止→导通
	交流电源	$U_{AK} =$	截止→导通
$U_G = 0$	直流电源	$U_{AK} =$	
	交流电源	$U_{AK} =$	

5)断开主电路、控制电路电源开关。将加在晶闸管和电阻上的直流电源换成交流电源,即 AC 15 V 通过电阻 R 与晶闸管 VT_1 端连接;依次闭合控制电路、主电路电源开关。

6)调节电位器 R_{P2} 使输出端子 K 电压升高,监测晶闸管 VT_1 A 和 K 两端的电压情况;晶闸管 VT_1 导通后,反向改变电位器 R_{P2} 使输出端子 K 电压缓慢回到 0 V,同时监测并记录晶闸管 VT_1 A 和 K 两端的电压情况,并填入表 3-5 中。实验完毕,依次断开主电路、控制电路电源开关。

(3)晶闸管触发电路的测试

1)将三相交流主电源相电压设定为 220 V;取其一路输出连接到 AC 15 V 交流电源的输入端,AC 15 V 输出端通过电阻 R 与晶闸管连接。单相同步信号电源的同步信号输出端连接到单相锯齿波移相触发电路的同步信号输入端。

2)将单相锯齿波移相触发电路输出端与晶闸管驱动电路的脉冲变压器输入端连接,晶闸管驱动电路的脉冲变压器输出 g_1 和 k_1 分别接至晶闸管 VT_1 的门极 G 和阴极 K;依次闭合控制电路、主电路电源开关。

3)调节单相锯齿波移相触发电路的移相控制电位器 R_{P1} 使晶闸管导通;用示波器观测晶闸管 VT_1 A 和 K 两端电压波形;依次断开主电路、控制电路电源开关。

(4)并联缓冲电路的作用

1)将 RC 缓冲电路并联在晶闸管两端;依次闭合控制电路、主电路电源开关,用示波器观测晶闸管 VT_1 A 和 K 两端电压波形。

2)记录增加缓冲电路前后晶闸管 VT_1 A 和 K 两端的电压波形,分析缓冲电路的作用。实验完毕,依次断开主电路、控制电路电源开关,拆除实验接线。

(5)双向晶闸管的特性实验

参照以上实验步骤进行实验,自拟实验过程。注意:触发单元用单结晶体管触发电路单元,将晶闸管驱动电路的脉冲变压器输出 g_1 和 k_1 分别接至双向晶闸管的门极 G 和阴极 K 上。

6. 实验报告

1) 通过实验数据分析晶闸管的导通与关断条件。

2) 通过实验分析脉冲变压器在实验中的作用;如果不用脉冲变压器,实验中要注意哪些问题?

3) 通过晶闸管 VT_1 A 和 K 两端电压波形比较,分析并联缓冲电路的作用。

4) 通过实验分析双向晶闸管与单向晶闸管的区别。

5) 简述本次实验的收获、体会及改进建议。

3.7 电力晶体管的特性、驱动与保护实验

1. 实验目的

1) 掌握电力晶体管的工作特性和工作原理。

2) 掌握电力晶体管的驱动与缓冲电路。

2. 实验内容

1) 测试电力晶体管不同负载时的开关特性。

①测试电阻负载时的开关特性。

②测试电阻-电感(阻感)负载(RL 负载)时的开关特性。

2) 分析并联缓冲电路的作用及对电力晶体管开关特性的影响。

3. 实验设备与仪器

1) 电力晶体管驱动与保护电路。

2) 单相多功能 PWM 波形发生电路。

3) 交直流电源及单相同步信号电源。

4) 电阻负载、电感负载。

5) 双踪示波器、数字万用表等测试仪器。

4. 实验原理

电力晶体管(giant transistor,GTR)按英文直译为巨型晶体管,是一种耐高电压、大电流的双极性结型晶体管(bipolar junction transistor,BJT),所以有时又称 power BJT。它具有自关断能力,并有开关时间短、饱和压降低和安全工作区宽等优点。近年来,GTR 由于实现了高频化、模块化、廉价化,因此被广泛应用于交流电动机调速、不停电电源和中频电源等电力变流装置中,且有望在中小功率应用方面取代传统的晶闸管。GTR 的缺点是驱动电流较大、耐浪涌电流能力差、易因二次击穿而损坏。在开关电源和不间断电源(UPS)内,GTR 正逐步被电力金属-氧化物-半导体场效应晶体管(metal-oxide-semiconductor field effect transistor,MOSFET)和 IGBT 所代替。

(1) GTR 的结构及工作特性

1) GTR 的结构。

GTR 通常采用至少由两个晶体管按达林顿接法组成的单元结构,采用集成电路工艺将

许多这种单元并联而成。GTR由三层半导体（分别引出集电极、基极和发射极）形成的两个PN结（集电结和发射结）构成，多采用NPN结构。GTR的结构示意、外形及电气图形符号如图3-27所示。由于工作功率较大，器件必须具有较小热阻和较强散热能力。

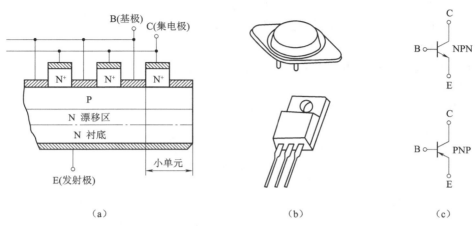

图 3-27　GTR 的结构示意、外形及电气图形符号
（a）结构示意；（b）外形；（c）电气图形符号

2）GTR的工作特性。

①静态特性。GTR的静态特性和参数与电路的工作方式有关，共发射极接法的典型输出特性分为截止区、放大区和饱和区三个区域。在电力电子电路中，GTR工作在开关状态，即工作在截止区或饱和区。在开关过程中，即在截止区和饱和区之间过渡时，一般要经过放大区。

②动态特性。GTR的动态特性主要描述GTR开关过程的瞬态性能，其优劣通常用开关时间来表征。GTR的开关时间在几微秒以内，比晶闸管和门极关断晶闸管（gate turn-off thyristor，GTO）开关时间都短。

（2）GTR的基极驱动电路

1）GTR的驱动电路的重要性。

驱动电路性能不好，会导致GTR不能正常工作，甚至损坏。其特性是决定电流上升率和动态饱和压降大小的重要因素之一。增加基极驱动电流使电流上升率增大，使GTR饱和压降降低，从而减小导通损耗。过大的驱动电流，使GTR饱和过深，而退出饱和时间越长，对开关过程和减小关断损耗越不利。驱动电路是否具有快速保护功能，是决定GTR在过电压或过电流后是否损坏的关键因素之一。

2）GTR对基极驱动电路的基本要求。

①GTR导通时，基极电流值在最大负载下应保证GTR饱和导通，电流的上升率应充分增大，以减小导通时间。

②GTR关断时，反向注入的基极电流峰值及下降率应充分增大，以缩短关断时间。

③为防止关断时的尾部效应导致GTR的损坏，驱动电路应在基极与发射极间提供适当的反偏电压，促使GTR快速关断，防止二次击穿。

④GTR瞬时过载时，驱动电路应能相应提供足够大的驱动电流，以保证GTR不因退出

饱和区而损坏。

⑤GTR 导通过程中，如果 GTR 集电极与发射极间承受电压或电流超过了设定的极限值，则应能自动切除 GTR 的基极驱动信号。

为了提高工作速度，降低开关损耗，应多采用抗饱和措施；为了确保器件使用安全，应尽可能采用多种保护措施；为了使电路简化，功能齐全，应尽可能采用集成器件。

3）基极驱动电路。

GTR 基极驱动电路的作用是将控制电路输出的控制信号放大到足以保证 GTR 可靠导通和关断的程度。

图 3-28 是一个简单实用的 GTR 驱动电路图。

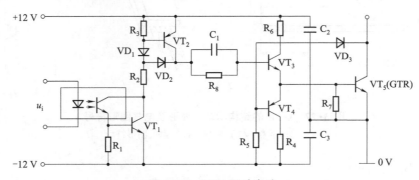

图 3-28　GTR 驱动电路

该电路采用正负双电源供电。

当输入信号为高电平时，三极管 VT_1、VT_2 和 VT_3 导通，而 VT_4 截止，这时 VT_5 就导通。二极管 VD_3 可以保证 GTR 导通时工作在临界饱和状态。流过二极管 VD_3 的电流随 GTR 的临界饱和程度改变而改变，自动调节基极电流。

当输入信号为低电平时，VT_1、VT_2、VT_3 截止，而 VT_4 导通，这就给 GTR 的基极一个负电流，使 GTR 截止。在 VT_4 导通期间，GTR 的基极-发射极一直处于负偏置状态，因而避免了反向电流的通过，防止同一桥臂另一个 GTR 导通产生过电流。

5．实验电路的组成及实验方法

（1）实验电路组成及原理

GTR 驱动与保护电路原理如图 3-29 所示，由光耦隔离电路、驱动保护电路、GTR 及阻容吸收电路构成，IN_1、IN_2 为脉冲信号，由单相多功能 PWM 波形发生电路（见图 3-15）提供。下面着重介绍 GTR 驱动与保护电路。

该驱动电路具有光电隔离器和非饱和监测器。当晶体管 GTR 正常导通时，两个高反压二极管 VD_5 和 VD_6 均导通。VD_4 是贝克钳位二极管，使 GTR 处于临界饱和状态。当过电流时，V_{CE} 退出饱和而进入放大区，VD_6 截止，当 V_{CE} 上升到 120%饱和压降时，线路设计使 VD_5 截止，$I_{VD5}=0$，这引起 GTR 发射极 E 和 A 点电位上升，使 VT_3、VT_4 和 VT_5 截止而 VT_6 导通，从而使 GTR 基极 B 反偏而关断。当发生短路时，V_{BE} 升高，经与基准信号比较使 VD_4 导通，A 点电位升高，VT_3 截止，同样使 GTR 关断。

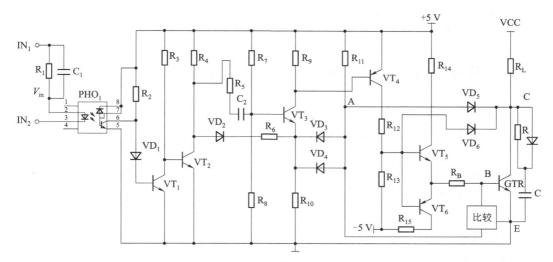

图 3-29 GTR 驱动与保护电路原理

该电路的正常工作原理是设 GTR 初始为关断状态，VD_5 不通，A 为高电位，VT_3、VT_4 和 VT_5 截止，VT_6 导通使 GTR 反偏，光电隔离器和 VT_2 由截止变为导通，经 R_5、C_2 耦合，VT_4、VT_5 导通，从而使 GTR 由关断变为导通。V_{CE} 下降到饱和压降后，VD_5 导通，GTR 发射极 E 点和 A 点电位下降，VT_3 导通，使 C_2 充电结束后，VT_4、VT_5 维持导通。当输入关断信号时，光电隔离器和 VT_2 截止，经 VD_2、R_6 使 A 点电位升高，VT_3、VT_4 和 VT_5 截止，VT_6 导通，GTR 反偏而关断。

（2）GTR 不同负载时的开关特性

1）电阻负载时的开关特性。

①打开系统总电源，将三相交流电源相电压设定为 220 V；取其一路输出连接到 AC 15 V 交流电源的输入端，经过整流滤波后，输出端通过电阻 R 与 GTR 的集射极连接。

②将单相多功能 PWM 波形发生电路的开关 S_1 向下拨，其脉冲输出 P+ 与脉冲功率驱动输入端 IN_1 连接，使其工作于 PWM 波形发生器状态，其输出端与 GTR 驱动电路输入端连接；接线完毕经实验指导老师确认无误后，依次闭合控制电路、主电路电源开关。

③调节单相多功能 PWM 波形发生电路控制电位器 R_{P2} 使控制信号占空比为 50% 附近，观测 GTR 两端电压波形。

2）阻感负载时的开关特性。

将负载电阻 R 串联接入电感负载，重复以上步骤，测试在阻感负载下 GTR 的工作波形。

（3）并联缓冲电路的作用及对 GTR 开关特性的影响

断开系统电源，将 GTR 驱动与保护电路的 RC 缓冲电路并联于 GTR 两端。通电，观测 GTR 两端电压波形；分析并联缓冲电路的作用及对 GTR 开关特性的影响。实验完毕，依次断开主电路、控制电路电源开关。

6. 实验报告

1）观察并记录不同负载时的 GTR 开关特性图。

2）通过波形观测定性分析 GTR 驱动电路的原理和作用。

3) 通过波形比较分析并联缓冲电路的作用及对 GTR 开关特性的影响。
4) 简述本次实验的收获、体会及改进建议。

3.8　电力场效应晶体管的特性、驱动与保护实验

1. 实验目的
1) 掌握电力 MOSFET 的工作特性。
2) 掌握电力 MOSFET 的驱动电路构成及工作原理和作用。
2. 实验内容
1) 电力 MOSFET 的开关特性测试。
2) 电力 MOSFET 驱动电路测试。
3. 实验设备与仪器
1) 电力 MOSFET 驱动与保护电路。
2) 单相多功能 PWM 波形发生电路。
3) 交直流电源及单相同步信号电源。
4) 电阻负载。
5) 双踪示波器、数字万用表等测试仪器。
4. 实验原理

MOSFET 分为结型和绝缘栅型，但通常主要指绝缘栅型中的 MOSFET，又称电力 MOSFET（power MOSFET）。

电力 MOSFET 是用栅极电压来控制漏极电流的，它的第一个显著特点是驱动电路简单，驱动功率小；第二个显著特点是开关速度快，工作频率高，适用于高频化电力电子装置，如应用于 DC/DC 变换、开关电源、便携式电子设备、航空航天以及汽车等电子电器设备中。电力 MOSFET 的热稳定性优于 GTR。电力 MOSFET 电流容量小，耐压低，多用在功率不超过 10 kW 的电力电子装置中。

（1）电力 MOSFET 的结构和静态特性

1) 电力 MOSFET 的结构。

电力 MOSFET 的种类和结构繁多，按导电沟道可分为 P 沟道电力 MOSFET 和 N 沟道电力 MOSFET。栅极电压为零时漏源极之间就存在导电沟道的称为耗尽型电力 MOSFET。对于 N（P）沟道器件，栅极电压大于（小于）零时才存在导电沟道的称为增强型电力 MOSFET。电力 MOSFET 多数属于 N 沟道增强型。

电力 MOSFET 在导通时只有一种极性的载流子（多子）参与导电，是单极型晶体管。电力 MOSFET 导电机理与小功率 MOSFET 相同，但结构上与小功率 MOSFET 有较大区别，小功率 MOSFET 是横向导电器件，而目前电力 MOSFET 大都采用了垂直导电结构，所以又称 VMOSFET（vertical MOSFET），这大大提高了 MOSFET 器件的耐压和耐电流能力。按垂直导电结构的差异，MOSFET 分为垂直 V 型槽金属−氧化物−半导体场效应晶体管（vertical v-groove MOSFET，VVMOSFET）和垂直双扩散金属−氧化物−半导体场效应晶体管（vertical double diffusion MOSFET，VDMOSFET）。

电力 MOSFET 也是多元集成结构。一个器件由许多个小 MOSFET 元组成。电力 MOSFET

的结构和电气图形符号如图 3-30 所示。

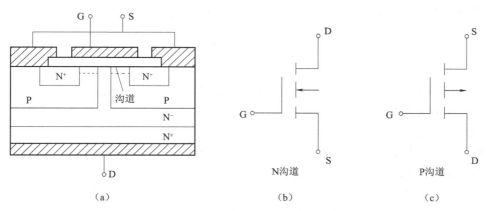

图 3-30 电力 MOSFET 的结构和电气图形符号
(a) 结构;(b) N 沟道;(c) P 沟道

2) 电力 MOSFET 的静态特性。

电力 MOSFET 是通过控制栅极电压去控制漏极电流的,栅极电压与漏极电流之间的关系定义为转移特性(transfer characteristic)。输出特性则用不同栅-源电压下的漏极电流和漏-源电压的关系来表示。MOSFET 转移特性与输出特性曲线如图 3-31 所示。

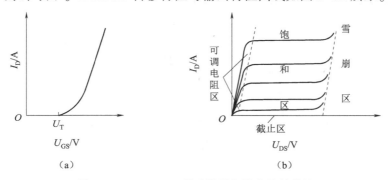

图 3-31 MOSFET 转移特性与输出特性曲线
(a) 转移特性曲线;(b) 输出特性曲线

MOSFET 输出特性有四个区。

①可调电阻区,当 U_{GS} 保持恒定时,漏电流随漏-源电压的增加而增加,两者的关系基本呈线性。

②饱和区,漏-源电压随着漏极电流的增大而缓慢增加,这表明 MOSFET 有一定的导通电阻。

③雪崩区,U_{DS} 超过额定值,器件被击穿,漏极电流不再受 U_{DS} 和 U_{GS} 的控制。

④截止区,即 U_{DS} 轴。在这个区内,$U_{GS}>U_T$(栅极开启电压 U_T,该符号的名称为栅极启动电压,又称阈值电压,该物理量符号的含义是指导通 MOSFET 的栅-源电压,它为转移特性曲线与横轴的交点。施加的栅-源电压不能太大,否则将击穿器件),漏极电流 $I_D=0$,与 U_{DS} 无关。

(2) 电力 MOSFET 的开关时间

电力 MOSFET 开关速度高,开关时间短。开关时间在 10~100 ns 之间,工作频率可达 100 kHz 以上。在开关过程中需要对输入电容充放电,需要一定的驱动功率,开关频率越高,驱动功率越大。

(3) 电力 MOSFET 的驱动与保护

电力 MOSFET 是电压控制型器件,虽然栅极是绝缘的,但由于输入电容的存在,在开关过程中会有较大的充放电电流。MOSFET 开关频率高,为提高开关速度,需要减少充放电时间,因此要求足够的充电电流。为保证 MOSFET 的导通,驱动电路需要提供足够的栅极电压。驱动电路还应在阻断期间提供反向的栅源偏置电压,以提高器件的耐压能力。由于栅源极阻抗极高,漏源极电压变化会通过极间电容耦合到栅极,造成误导通,因此需要降低驱动电路的内阻。栅源极应并联电阻或稳压二极管。

电力 MOSFET 的驱动电路大多采用双电源供电,输出与 MOSFET 的栅极直接耦合,输入与前置信号隔离。隔离方式有光电隔离、变压器隔离等方式。

电力 MOSFET 的驱动电路如图 3-32 所示,采用光电隔离、直接耦合方式,采用单电源供电,在 MOSFET 关断时不提供反向偏置电压,适用于小功率、低电压场合。驱动电路主要包含电气隔离和晶体管放大电路两部分,当输入端无控制信号时,高速放大器 A 输出负电平,VT_3 导通输出负驱动电压,MOSFET 关断;当输入端有控制信号时,高速放大器 A 输出正电平,VT_2 导通输出正驱动电压,MOSFET 导通。

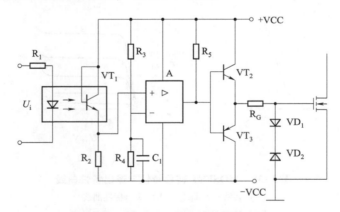

图 3-32 电力 MOSFET 的驱动电路

注意:电力 MOSFET 的输入阻抗极高,电荷难以泄放,因此在电荷积累较多时会形成高静电场,容易使栅极绝缘薄氧化层击穿,造成栅源短路,从而损坏电力 MOSFET。所以在器件不使用时,应将栅源极短路;使用时,一定要确保不使栅源极开路。

实际应用中,电力 MOSFET 多采用集成驱动电路。常见的专为驱动电力 MOSFET 而设计的集成驱动电路芯片或混合集成电路很多,三菱公司的 M57918L 就是其中之一,其输入信号电流幅值为 16 mA,输出最大脉冲电流为+2 A 和-3 A,输出最大驱动电压为+15 V 和-10 V。

5. 实验电路的组成及实验方法

(1) 实验电路组成及原理

电力 MOSFET 驱动与保护电路如图 3-33 所示,它由光电隔离电路、驱动电路、电力

MOSFET 主电路和阻容吸收电路四部分组成。下面简要介绍光电隔离电路和驱动电路（以下简称光电隔离驱动电路）。

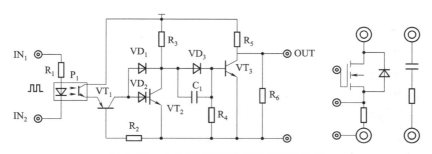

图 3-33　电力 MOSFET 驱动与保护电路

由于电力 MOSFET 为电压型控制器件，栅极驱动相对就比较简单，用 CMOS 器件、晶体管-晶体管逻辑（TTL）器件等均可组成栅极驱动电路，在需要隔离时，可以加上脉冲变压器或光耦合器作为隔离器件。

实验选用的驱动电路是改进型的光电隔离电路，通过光耦合器将控制信号回路与驱动回路隔离，使输出级电阻很小，解决了与栅极驱动源低阻抗匹配问题，使栅极驱动的关断延迟时间缩短，延迟时间的数量级为纳秒级。

光电隔离驱动电路的工作原理是当光耦合器 P_1 导通时，VT_1 随之导通并使 VT_2 通过基极电流，于是 VT_2 导通使 VT_3 截止，VCC 经电阻 R_5 充电使电力 MOSFET 的栅极导通。当光耦合器截止时，VT_1 随之截止使 VT_2 基极电流切断，于是 VT_2 截止。电源 VCC 经电阻 R_3、二极管 VD_3 和电容 C_1 加速网络向 VT_3 提供基极电流，使 VT_3 导通并由此将电力 MOSFET 的栅极接地，迫使电力 MOSFET 关断。

实验中主要测试电力 MOSFET 的驱动波形，保证波形的上升沿和下降沿都比较陡。

（2）电力 MOSFET 的开关特性测试

1）打开系统总电源，将三相交流电源相电压设定为 220 V；取其一路输出连接到 AC 15 V 交流电源的输入端，经过整流滤波后输出端通过电阻 R 与电力 MOSFET 的漏源极连接。

2）单相多功能 PWM 波形发生电路如图 3-15 所示，将单相多功能 PWM 波形发生电路的开关 S_1 向上拨，将给定输出端 K、信号地与电力 MOSFET 的 G 极和 S 极连接；闭合控制电路电源，调节单相多功能 PWM 波形发生电路的电位器 R_{P2} 使输出端子 K 的输出电压为 0 V；闭合主电路电源，观测电力 MOSFET 两端电压，并填入表 3-6 中。

3）调节电位器 R_{P2} 使输出端子 K 电压升高，监测电力 MOSFET 的端电压情况，记录使电力 MOSFET 由截止变为导通的门极电压值，并填入表 3-6 中。

4）继续观测电力 MOSFET 端电压情况，反方向调节 R_{P2}，使输出端子 K 电压降低。

5）根据实验结果，分析电力 MOSFET 工作特性，实验完毕，断开系统电源，整理实验台。

表 3-6　电力 MOSFET 的开关特性测试

门极电压	电力 MOSFET 两端电压	电力 MOSFET 的状态
$U_G = 0$	$U_{DS} =$	

续表

门极电压	电力 MOSFET 两端电压	电力 MOSFET 的状态
$U_G =$	$U_{DS} =$	截止→导通
$U_G = 0$	$U_{DS} =$	

(3) 电力 MOSFET 的驱动电路测试

1) 电源和电阻负载同电力 MOSFET 的开关连接的特性测试。

2) 将单相多功能 PWM 波形发生电路的开关 S_1 向下拨,连接脉冲输出 P+和脉冲驱动输入端 IN_1,波形发生器设为 PWM 工作模式;其输出端子与电力 MOSFET 驱动电路输入端相连;驱动电路输出端接电力 MOSFET 的 G 和 S;依次闭合控制电路、主电路电源开关;用示波器观测电力 MOSFET 两端电压波形。

3) 调节单相多功能 PWM 波形发生电路的电位器 R_{P2},使控制信号占空比在 50%附近,以便波形观察。

4) 断开系统电源,将 RC 缓冲电路并联于电力 MOSFET 两端,打开电源,用示波器观测电力 MOSFET 两端电压波形,分析驱动电路的工作原理。实验完毕,依次断开主电路电源、控制电路电源开关。

6. 实验报告

1) 通过实验总结电力 MOSFET 工作特性。

2) 通过波形观测定性分析电力 MOSFET 驱动电路的工作原理和作用。说明电力 MOSFET 对驱动电路的基本要求,设计一个实用化的驱动电路。

3) 通过实验记录电阻负载并联和不并联缓冲电路时的开关波形,分析并联缓冲电路的作用。

4) 分析电力 MOSFET 与晶闸管导通关断条件的区别。

5) 简述本次实验的收获、体会及改进建议。

3.9　IGBT 的特性、驱动与保护实验

1. 实验目的

1) 掌握 IGBT 的工作特性。

2) 掌握 IGBT 的驱动电路构成。

3) 了解 IGBT 和电力 MOSFET 的区别。

2. 实验内容

1) IGBT 的特性测试。

2) IGBT 驱动与保护电路。

3. 实验设备与仪器

1) IGBT 驱动与保护电路。

2) 单相多功能 PWM 波形发生电路。

3) 交直流电源及单相同步信号电源。

4) 光电隔离驱动电路。

5）双踪示波器、数字万用表等测试仪器。

4. 实验原理

IGBT 是 20 世纪 80 年代出现的复合器件。它将电力 MOSFET 和 GTR 的优点集于一身，既具有 MOSFET 开关频率高、电压驱动的优点，又具有 GTR 高耐压、低导通电阻的特点。因此 IGBT 出现后发展很快，备受青睐。在电机控制、中频和开关电源以及要求快速、低损耗的领域，IGBT 有广泛的应用前景，目前在 20 kHz 及中等容量功率变换装置中得到广泛应用。

（1）IGBT 的结构和工作特性

1）IGBT 的结构。

IGBT 是在电力 MOSFET 的基础上增加了一个 P 层，形成 PN 结 J_1，并由此引出集电极。IGBT 的基本结构、等效电路及电气图形符号如图 3-34 所示。其栅极和发射极与电力 MOSFET 的栅极和源极相似。由图 3-34（a）可看出，IGBT 相当于一个由 MOSFET 驱动的厚基区 GTR，图 3-34 中电阻 R 是厚基区 GTR 基区内的扩展电阻。IGBT 是以 GTR 为主导元件，电力 MOSFET 为驱动元件的达林顿结构器件。

图 3-34 所示的器件为 N 沟道 IGBT，即 N 沟道型电力 MOSFET。

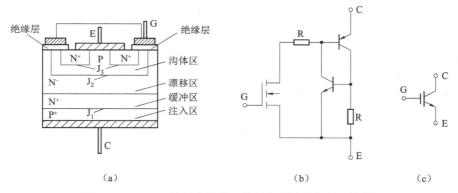

图 3-34 IGBT 的基本结构、等效电路及电气图形符号
（a）基本结构；（b）等效电路；（c）电气图形符号

2）IGBT 的静态特性。

IGBT 的静态特性包括输出特性、转移特性等，IGBT 的静态特性如图 3-35 所示。

IGBT 的输出特性（伏安特性），是指以栅射极电压 U_{GE} 为参考变量时集电极电流和集电极电压之间的关系。与 GTR 的伏安特性相似，IGBT 的伏安特性分为饱和区、有源区、阻断区。在电力电子电路中，IGBT 工作在开关状态，在正向阻断区和饱和区之间来回转换。当 $U_{CE}<0$ 时，IGBT 为反向阻断工作状态。IGBT 不能承受反向电压，一般 IGBT 模块在集电极与发射极之间并联有反向二极管，以钳制反向电压。

IGBT 的转移特性表明 IGBT 的控制特性，是指输出集电极电流 I_C 与门射极控制电压 U_{GE} 之间的关系曲线。它与 MOSFET 的转移特性类似，当门射极电压 U_{GE} 小于开启电压 $U_{GE(th)}$ 时，IGBT 处于关断状态。在 $U_{CE}>U_{GE(th)}$ 后，IGBT 导通。一般 U_{GE} 取 15 V 左右。

组成 IGBT 的 PNP 晶体管为宽基区晶体管，其基极电流放大倍数 β 值较低。该晶体管需要较大的驱动电流，电力 MOSFET 提供了相应电流。因此电力 MOSFET 的电流也是 IGBT 总电流的重要组成部分。

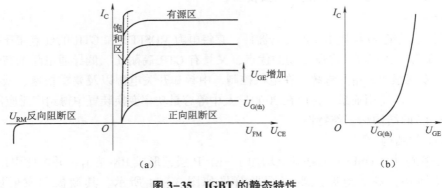

图 3-35 IGBT 的静态特性
(a) 输出特性；(b) 转移特性

IGBT 的导通过程的开始阶段是作为电力 MOSFET 运行的。在集射极电压 U_{CE} 下降过程中表现出 PNP 晶体管的特性。

IGBT 在关断过程中，集电极电流 I_C 分为两部分。因为电力 MOSFET 关断后，PNP 晶体管中的存储电荷难以迅速消除，造成 I_C 较长的尾部时间。

实际应用中，常给出导通时间 t_{on}，上升时间 t_r，关断时间 t_{off} 和下降时间 t_f，这些时间的长短与集电极电流、结温等参数有关。

（2）IGBT 的驱动

IGBT 是电压驱动型器件，其对驱动电路的要求与电力 MOSFET 类似，如正向导通时需要提供正向电压，反向截止时需要提供反向电压。IGBT 对驱动电路的要求更高，实践证明，门极驱动电路是 IGBT 应用的重要环节。

IGBT 正向驱动电压一般取 12~15 V，正向驱动电压增大，IGBT 通态压降和导通损耗下降，但会造成负载短路时集电极电流增大，IGBT 承受短路能力降低，对其安全不利。在关断过程中，为提高关断速度，必须在栅射极提供反向电压。当 IGBT 处于截止状态时，必须保持一定的反向电压，确保 IGBT 不因外部干扰而误导通。IGBT 反向电压在 $-1 \sim -10$ V 之间。门极电阻 R_G 对 IGBT 的工作影响较大，门极电阻增加，IGBT 的导通与关断时间将延长，导致导通与关断的能耗增加；门极电阻减小，可能会引起 IGBT 的误导通。

IGBT 多用于高压场合，其驱动电路与主电路必须严格隔离，为防止栅极感应而引起 IGBT 误导通，栅极须有低阻抗放电回路，栅极的连线应尽可能短。

图 3-36 所示为 IGBT 驱动电路，当晶体管 VT_1 基极信号为高时，光电管导通，VT_2 截止，电容 C_1 的作用是加快 VT_2 的截止，此时 VT_3 导通，驱动电源电压通过 VT_3 及栅极电阻 R_5 加在 IGBT 的栅极上，由于 IGBT 的发射极电压为稳压二极管的电压 U_{VD_2}，故导通时栅射极电压为 $U_{GE} = U_S - U_{VD_2}$；当 VT_1 截止时，VT_2 导通，使 VT_3 截止，此时 IGBT 的栅极电荷通过 R_5、VD_1、VT_2 构成的回路泄放，使栅极电源电压等于电源的零电压，故截止时栅射极电压 $U_{GE} = -U_{VD_2}$，保证可靠截止。

市场上有 IGBT 的专用驱动集成芯片，常用的有 M579 系列（如 M57962L 和 M57959L）和 EXB 系列（如 EXB840、EXB841、EXB850 和 EXB851）。同一系列的不同型号的引脚和接线基本相同，只是适用被驱动器件的容量和开关频率以及输入电流幅值等参数有所不同。

这些芯片不仅可驱动 IGBT，而且有过流保护作用，还可减小设备的体积，降低系统的复杂性。

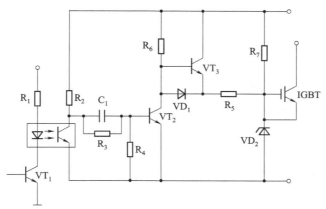

图 3-36　IGBT 驱动电路

5. 实验电路的组成及实验方法

（1）实验电路组成及原理

IGBT 驱动与保护电路如图 3-37 所示。实验系统以 IR 公司生产的集成 IGBT 高端驱动电路 IR2125 为核心，构成高性能 IGBT 驱动与保护电路。IR2125 是一个高压、高速 IGBT 驱动器，其内部集成有过电流限制和保护电路，采用先进的高压集成电路和无闩锁 CMOS 技术制作，整个芯片封装在一个标准的集成电路内部，它的输入与标准的 CMOS 和 TTL 电平兼容，IR2125 中具有大电流脉冲缓冲级设计的输出驱动特性，可把交叉导通时间降低到最短，保护电路检测驱动 IGBT 的过电流，并限制栅极驱动电压，用户可通过外接电容来设置逐周期电流限制的间隔，并可编程检测过电流与封锁脉冲之间的时间间隔。IR2125 内部采用了自举技术，可用来驱动一个工作于电路中高端或低端的 N 沟道 IGBT，可用于工作母线电压低于 500 V 的任意场合。

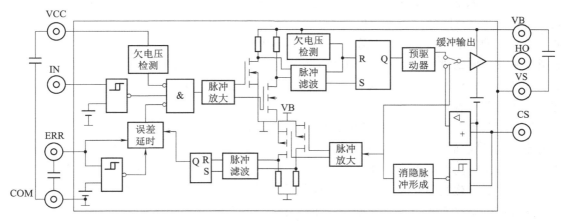

图 3-37　IGBT 驱动与保护电路

IR2125 的引脚名称、功能和用法如表 3-7 所示。

表 3-7　IR2125 的引脚名称、功能和用法

引脚	符号	名称	功能或用法
1	VCC	逻辑输入级电源连接端	使用中，直接接用户为该芯片逻辑部分工作提供的正电源；为抗干扰，该端应接一个去耦合网络到地
2	IN	控制逻辑信号输入端	接用户控制脉冲，形成电路的输出
3	ERR	设置逐周期限制电流电容连接端	按用户要求，接一个合适电容到引脚 COM
4	COM	整个芯片工作参考电压	使用中接 VCC 的地
5	VS	驱动输出参考地端	通过一个电容接 VB 端的同时，与被驱动 IGBT（或电力 MOSFET）的射极（或源极）相连
6	CS	电流检测输入端	接被驱动 IGBT 或电力 MOSFET 工作电流取样环节的正输出端
7	HO	驱动信号输出端	通过一个电阻与被驱动的 IGBT 或电力 MOSFET 栅极相连
8	VB	驱动输出级电源连接端（又称高端悬浮电源连接端）	使用中，按用户决定是采用自举技术产生，还是接一个独立于 VCC 的隔离电源，采用自举技术产生时，分别通过二极管及电容，接引脚 8 及引脚 5

由图 3-37 可见，IR2125 的内部集成有三个带有施密特触发器特性的比较器、两个欠电压检测环节、两个 RS 触发器、两个电平移位网络、两个脉冲放大网络、两个脉冲滤波环节、一个预驱动器单元、一个放大器、一个缓冲输出级、一个错误（或称故障）定时器、一个由电流放大器控制的开关及一个 500 ns 消隐脉冲形成单元、两个电压源、一个三端输入的与门。

工作原理如下。当不发生欠电压及过电流故障时，欠电压及过电流保护单元输出均为无效状态，图 3-37 中唯一的与门两反相输入端均为无效电平，此时用户从 IN 端输入的控制脉冲与 1.8 V 的固定偏压比较，该施密特触发器输出经上通道脉冲放大网络功率放大后，由上通道电平移位网络进行电平匹配，再经上脉冲滤波环节去干扰脉冲，然后控制 RS 触发器按输入脉冲周期置位高电平与低电平，该 RS 触发器输出经预驱动器后由输出缓冲放大器进行功率放大后驱动外接的 IGBT。

当发生输出级 VB 欠电压故障时，输出级欠电压检测环节输出低电压，直接使 RS 触发器清零，驱动输出级恒为低电平；发生逻辑电源 VCC 欠电压时，输入级欠电压检测环节动作，与门输出恒为低电平，经脉冲放大、电平移位、脉冲滤波后使 RS 触发器清零，输出变为恒低电平；发生过电流时，则过电流比较器翻转，电路输出 500 ns 消隐脉冲，经下通道的电平移位网络（电平下移）后输出一个脉冲，由下半部的脉冲滤波器滤波后使 RS 触发器输出一个脉冲，该脉冲控制故障定时器输出一个脉冲，使与门输出脉冲宽度减小，进行逐脉冲限流；当严重过流时，电流放大器输出高电平，在 500 ns 消隐脉冲的作用下，直接从输出端降低被驱动的 IGBT 导通时间。

（2）IGBT 的特性测试

1）打开系统总电源，将三相交流电源相电压设定为 220 V；取其一路输出连接到 AC 15 V 交流电源的输入端，经过整流滤波后输出端通过电阻 R 与 IGBT 的集射极连接。

2）将单相多功能 PWM 波形发生电路的开关 S_1 向上拨，给定输出端子 K 和信号地与 IGBT 的 G 极和 E 极连接；闭合控制电路电源，调节电位器 R_{P2} 使输出端子 K 输出电压为 0 V；闭合主电路电源，用示波器观测 IGBT C 和 E 两端电压，并填入表 3-8 中。

3）调节 R_{P2} 使输出端子 K 电压升高，监测 IGBT C 和 E 两端电压情况，将使 IGBT 由截止变为导通的门极电压值，填入表 3-8 中。

表 3-8　IGBT 的开关特性测试

门极电压/V	IGBT C 和 E 两端电压/V	IGBT 的状态
$U_G = 0$	$U_{CE} =$	
$U_G =$	$U_{CE} =$	截止→导通
$U_G = 0$	$U_{CE} =$	

4）继续监测 IGBT C 和 E 两端电压情况，反方向调节 R_{P2}，使输出端子 K 电压降低。根据实验结果，分析 IGBT 工作特性，实验完毕，断开主电路、控制电路电源开关，整理实验台。

（3）IGBT 驱动与保护电路

1）打开系统总电源，将三相交流电源相电压设定为 220 V；取其一路输出连接到 AC 15 V 交流电源的输入端，经过整流滤波后输出端通过电阻 R 与 IGBT 的集射极连接。

2）将单相多功能 PWM 波形发生电路的开关 S_1 向下拨，连接脉冲输出 P+ 和脉冲驱动输入端 IN_1，波形发生器设为 PWM 工作模式；其输出端子 OUT_{11} 和 OUT_{12} 与光电隔离驱动电路的一组驱动电路 V_1 的输入端相连；驱动电路输出端 G_1 和 S_1 分别与 IGBT 驱动与保护电路的脉冲驱动输入端 IN 和 COM 相连；驱动电路输出端 HO 和 VS 分别接 IGBT 的 G 和 E；同时将 VS 与地相连。

3）依次闭合控制电路电源、主电路电源。观测 IGBT 两端电压波形；调节单相多功能 PWM 波形发生电路控制电位器 R_{P2} 使控制信号占空比为 50% 左右，以便观察波形。

4）断开系统电源，将 RC 缓冲电路并联于 IGBT 两端，上电，观测 IGBT 两端电压波形；分析驱动电路的工作原理。实验完毕，依次断开主电路、控制电路电源开关。

6. 实验报告

1）通过实验记录电阻负载时的开关波形，总结 IGBT 工作特性。

2）通过观测波形定性分析 IGBT 驱动电路的工作原理和作用，对由 IR2125 构成的驱动电路优缺点作出分析评价。

3）通过波形比较分析并联缓冲电路的作用。

4）分析 IGBT 与晶闸管导通关断条件的区别。

5）简述本次实验的收获、体会及改进建议。

第4章

电力电子技术基础实验

4.1 AC-DC 变换

4.1.1 单相整流电路

4.1.1.1 单相半波可控整流电路

1. 实验目的
1) 掌握单相半波可控整流电路的基本组成和工作原理。
2) 掌握单结晶体管触发电路的工作原理。
3) 加深理解单相半波可控整流电路在不同负载时的工作特性。
2. 实验内容
1) 单结晶体管触发电路的调试。
2) 单相半波可控整流电路电阻负载研究。
3) 单相半波可控整流电路阻感负载研究。
3. 实验设备与仪器
1) 晶闸管主电路。
2) 单结晶体管触发电路。
3) 交直流电源及单相同步信号电源。
4) 电流检测及变换电路。
5) 电阻负载、阻感负载。
6) 双踪示波器、数字万用表等测试仪器。
4. 实验原理
(1) 带电阻负载的工作特性

在实际应用中,某些负载属于电阻负载,如电阻加热炉、电解和电镀等。阻性负载的特点是电压与电流成正比,波形相同且相位相同,电流可以突变。

在分析整流电路工作时,首先假设以下几点:
1) 开关元件处于理想状态,即开关元件导通时,通态压降为零,关断时电阻为无穷大;
2) 变压器处于理想状态,即变压器漏抗为零,绕组的电阻为零,励磁电流为零。

单相半波电阻负载可控整流电路及波形如图4-1 (b) 所示,由晶闸管 VT、负载电阻 R

及单相整流变压器 TR 组成。TR 将一次侧电网电压 u_1 变成与负载所需电压相适应的二次侧电压 u_2，u_2 为二次侧正弦电压瞬时值；u_d、i_d 分别为整流输出电压瞬时值和负载电流瞬时值，波形如图 4-1（e）所示，u_T 为晶闸管两端电压瞬时值，波形如图 4-1（f）所示。

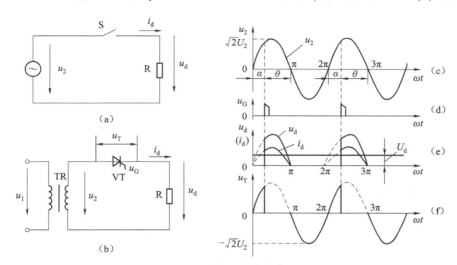

图 4-1　单相半波电阻负载可控整流电路及波形
（a）单相半波电路等效原理；（b）单相半波电阻负载可控整流电路；（c）输入电压与控制相位角关系；
（d）触发脉冲；（e）整流输出电压和负载电流波形；（f）晶闸管两端电压波形

整流输出电压 u_d 为脉动直流电压，波形只在 u_2 正半周期内出现，故称"半波"整流，电路采用了可控器件晶闸管，且交流输入为单相，故该电路为单相半波可控整流电路。整流输出电压 u_d 波形在一个电源周期中只脉动 1 次，故该电路为单脉波整流电路。

从晶闸管开始承受正向阳极电压起到施加触发脉冲止的电角度，用 α 表示，称为触发角或控制角。晶闸管在一个电源周期中处于通态的电角度称为导通角，用 θ 表示，$\theta = \pi - \alpha$。

整流输出电压平均值 U_d 为

$$U_d = \frac{1}{2\pi}\int_\alpha^\pi \sqrt{2}U_2\sin\omega t\,d(\omega t) = \frac{\sqrt{2}U_2}{\pi} \times \frac{1+\cos\alpha}{2} = 0.45U_2\frac{1+\cos\alpha}{2}$$

$\alpha = 0°$ 时，$U_d = 0.45U_2$，$\alpha = 180°$ 时，$U_d = 0$，所以控制角的移相范围是 $0° \sim 180°$。

输出电流平均值 I_d 为

$$I_d = 0.45 \times \frac{U_2}{R} \times \frac{1+\cos\alpha}{2}$$

由图 4-1（f）可以看出晶闸管承受的最大正反向电压 U_m 是相电压峰值。

$$U_m = \sqrt{2}U_2$$

（2）带阻感负载的工作特性

阻感负载通常是电动机的励磁线圈和负载串联电抗器等。

电感电流变化时，电感两端产生感应电势，感应电势对负载电流变化有阻止作用，使得负载电流不能突变。当电流增大时，电感吸收能量，电感感应电势阻止电流增大；当电流减小时，电感释放能量，感应电势阻止电流减小，输出电压、输出电流有相位差。单相半波阻感负载可控整流电路及波形如图 4-2 所示。

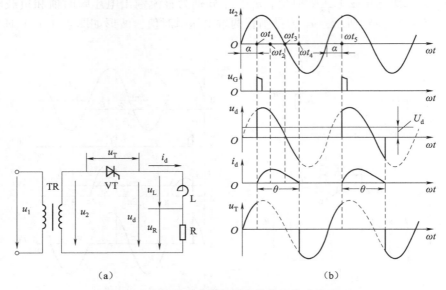

图 4-2　单相半波阻感负载可控整流电路及波形
(a) 单相半波整流电路等效原理；(b) 单相半波可控整流电路波形

在 $\omega t=0$ 到 $\omega t=\alpha$ 期间，晶闸管阳极和阴极之间的电压大于零，但晶闸管门极没有触发信号，晶闸管处于正向关断状态，输出电压、输出电流都等于零。在 $\omega t=\alpha$ 时，门极有触发信号，晶闸管被触发导通，负载电压 $u_d=u_2$。

当 $\omega t=\pi$ 时，交流电压 u_2 过零，由于有电感电势的存在，晶闸管的电压仍大于零，晶闸管会继续导通，电感的储能全部释放完后，晶闸管在 u_2 反压作用下截止，直到下一个正半周期。

直流输出电压平均值 U_d 为

$$U_d = \frac{1}{2\pi}\int_{\alpha}^{\alpha+\theta}\sqrt{2}\,U_2\sin\omega t\,d(\omega t)$$

单相半波可控整流电路的优点是电路简单，调整方便，容易实现；缺点是整流电压脉动大，每个周期脉动一次。变压器二次侧流过单方向的电流，存在直流磁化、利用率低的问题，为使变压器不饱和，必须增大铁芯截面，这样就导致设备容量增大。

5. 实验电路的组成及实验方法

（1）实验电路的组成

实验电路主要由单结晶体管触发电路、脉冲变压器、功率开关（晶闸管）、电源及负载组成，如附图 4-1 所示。实验系统提供了单结晶体管触发电路和集成单相锯齿波移相触发电路以供选择。本实验以单结晶体管触发电路作为实验电路。

（2）实验方法

1）打开系统总电源，将主电源输出电压转换开关置于 3 挡，即主电源相电压输出设定为 220 V，调试单结晶体管触发电路，调试方法参考 3.1 节实验部分。

2）将电阻值增至最大值，用万用表测量电阻值并记录，然后按照附图 4-1 接线，只接电阻负载，不接电感负载。

3) 调节单结晶体管触发电路的控制电位器使输出脉冲控制角最大，依次闭合控制电路、主电路电源开关。

4) 调节单结晶体管触发电路控制电位器，逐渐减小脉冲控制角，用万用表的直流电压挡测量负载两端电压，观察并记录不同控制角对电流（电阻两端电压除以电阻值）波形和负载电压的影响，并计算对应控制角的电压理论值，将结果记录在表 4-1 中。依次关闭系统主电路、控制电路电源开关。

表 4-1 单相半波整流电路 $U_2 =$ _____ V

负载	控制角/(°)	150	120	90	60	30
R 负载	U_d/V					
	I_d/A					
	$U_{d理论值}$/V					
RL 负载	U_d/V					
	I_d/A					

5) 改变电路的负载特性，将负载电阻与平波电抗器串联，作为阻感负载。重复以上步骤，将结果记录在表 4-1 中。

6) 对比实验结果，分析电路工作原理。实验完毕，依次关断系统主电路、控制电路以及系统总电源。拆除实验导线，整理实验设备。

6. 实验报告

1) 通过实验掌握单相半波可控整流电路的工作特性及工作原理。

2) 分析单相半波可控整流电路在不同负载、不同控制角时的 u_d、i_d 波形。

3) 通过实验数据分析实验结果。

4) 简述本次实验总结与体会。

4.1.1.2 单相桥式全控整流电路

1. 实验目的

1) 掌握单相桥式全控整流电路的基本组成和工作原理。

2) 掌握单相锯齿波移相触发电路的工作原理。

3) 加深理解单相桥式全控整流电路在不同负载时的工作特性。

2. 实验内容

1) 单相锯齿波移相触发电路的调试。

2) 单相桥式全控整流电路阻性负载研究。

3) 单相桥式全控整流电路阻感负载研究。

4) 单相桥式全控整流电路反电动势负载研究。

3. 实验设备与仪器

1) 晶闸管主电路。

2) 单相锯齿波移相触发电路。

3) 交直流电源及单相同步信号电源。
4) 电阻负载、电感负载、直流电动机。
5) 电流检测及变换电路。
6) 双踪示波器、数字万用表等测试仪器。

4. 实验电路的组成及原理

单相整流电路中应用较多的是单相桥式全控整流电路,如图4-3(a)所示,负载为电阻负载。下面首先分析这种情况。

(1) 带电阻负载的工作特性

在电源电压 u_2 正半波时,晶闸管 VT_1、VT_4 承受正向电压。假设4个晶闸管的漏电阻相等,则在 $0\sim\alpha$ 区间4个晶闸管都不导通,$u_{AK1,4}=1/2u_2$。在 $\omega t=\alpha$ 处触发晶闸管 VT_1、VT_4 导通,电流沿 a→VT_1→R→VT_4→b 方向流通,此时负载上输出电压 $u_d=u_2$。电源电压反向施加到晶闸管 VT_2、VT_3 上,晶闸管处于关断状态,到 $\omega t=\pi$ 时,因电源电压过零,晶闸管 VT_1、VT_4 阳极电流也下降为零而关断。

在电源电压负半波时,晶闸管 VT_2、VT_3 承受正向电压,在 $\pi\sim\pi+\alpha$ 区间,晶闸管 VT_2、VT_3 承受电压为 $1/2u_2$,在 $\omega t=\pi+\alpha$ 处触发晶闸管 VT_2、VT_3,元件导通,电流沿 b→VT_3→R→VT_2→a 方向流通,电源电压沿正半周期的方向施加到负载电阻上,负载上有输出电压 $u_d=-u_2$,此时电源电压反向施加到晶闸管 VT_1、VT_4 上,使其处于关断状态。到 $\omega t=2\pi$ 时,电源电压再次过零,VT_2、VT_3 阳极电流也下降为零而关断。整流电压 u_d 和晶闸管 VT_1 两端电压波形如图4-3(b)所示。

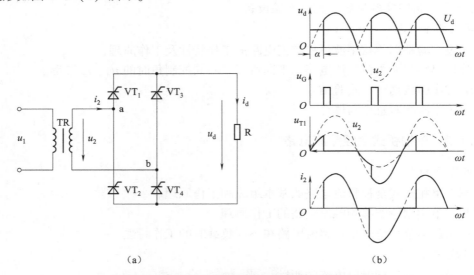

图4-3 单相桥式电阻负载全控整流电路及波形
(a) 单相桥式全控整流电路;(b) 单相桥式全控整流电路波形

输出电压平均值 U_d 为

$$U_d = \frac{1}{\pi}\int_\alpha^\pi \sqrt{2}U_2\sin\omega t\,d(\omega t) = \frac{2\sqrt{2}U_2}{\pi}\times\frac{1+\cos\alpha}{2} = 0.9U_2\frac{1+\cos\alpha}{2}$$

$\alpha=0°$ 时,$U_d=0.9U_2$,$\alpha=180°$ 时,$U_d=0$,所以控制角的移相范围是 $0°\sim180°$。

输出电流平均值 I_d 为

$$I_d = \frac{U_d}{R} = \frac{0.9U_2}{R} \times \frac{1+\cos\alpha}{2}$$

晶闸管承受最大反向电压 U_m 是相电压峰值 $\sqrt{2}U_2$，晶闸管承受最大正向电压是 $U_m/2 = \sqrt{2}U_2/2$。

负载上正负两个半波内均有相同方向的电流流过，使直流输出电压、电流的脉动程度较单相半波得到了改善。变压器二次绕组在正负半周期内均有大小相等、方向相反的电流流过，从而改善了变压器的工作状态，提高了变压器的有效利用率。

（2）带阻感负载的工作特性

单相桥式阻感负载全控整流电路如图 4-4（a）所示。电源电压正半波，在 $\omega t = \alpha$ 处触发晶闸管 VT_1、VT_4，晶闸管 VT_1、VT_4 承受正向电压而导通，电流沿 a→VT_1→L→R→VT_4→b 方向流通，此时负载上电压 $u_d = u_2$，电源电压反向施加到晶闸管 VT_2、VT_3 上，使其承受反向阳极电压而处于关断状态。当 $\omega t = \pi$ 时，电源电压过零，电感感应电势使晶闸管继续导通。

在电源电压负半波，晶闸管 VT_2、VT_3 承受正向电压，因无触发脉冲而不导通；在 $\omega t = \pi + \alpha$ 处触发晶闸管 VT_2、VT_3，元件导通，电流沿 b→VT_3→L→R→VT_2→a 方向流通，电源电压沿正半周期的方向施加到负载上，负载上有输出电压 $u_d = -u_2$，此时 VT_1、VT_4 承受反向电压而由导通状态变为关断状态；晶闸管 VT_2、VT_3 一直要导通到下一个周期 $\omega t = 2\pi + \alpha$ 处再次触发晶闸管 VT_1、VT_4 为止。整流电压 u_d 和晶闸管 VT_1 两端电压波形如图 4-4（b）所示。

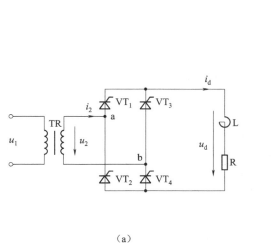
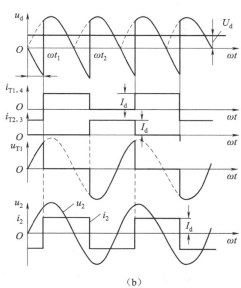

图 4-4 单相桥式阻感负载全控整流电路及波形
（a）单相桥式阻感负载全控整流电路；(b) 单相桥式阻感负载全控整流电路波形

输出电压平均值 U_d

$$U_d = \frac{1}{\pi}\int_\alpha^{\pi+\alpha}\sqrt{2}U_2\sin\omega t\,d(\omega t) = \frac{2\sqrt{2}U_2}{\pi}\times\cos\alpha = 0.9U_2\cos\alpha$$

当 $\alpha=0°$ 时，$U_d=0.9U_2$，$\alpha=90°$ 时，$U_d=0$，所以控制角的移相范围是 $0°\sim 90°$。输出电流平均值 I_d 为

$$I_d = \frac{U_d}{R} = \frac{0.9U_2\cos\alpha}{R}$$

晶闸管承受的最大正反向电压均为电源电压的峰值 $U_m=\sqrt{2}U_2$。

(3) 带反电动势负载时的工作特性

当负载为蓄电池、直流电动机的电枢（忽略其中的电感）等时，负载可看成一个直流电压源，对于整流电路，它们就是反电动势负载，如图 4-5（a）所示。

在负载回路无电感时，反电动势-电阻负载的特点是当整流电压的瞬时值 u_d 小于反电动势 E 时，晶闸管承受反压而关断，这使晶闸管导通角减小。晶闸管导通时，$u_d=u_2$；晶闸管关断时，$u_d=E$。与电阻负载相比，晶闸管提前了电角度 δ 停止导电，如图 4-5（b）所示，δ 称为停止导电角。

$$\delta = \arcsin\frac{E}{\sqrt{2}U_2}$$

在 α 相同时，整流输出电压比电阻负载时大。

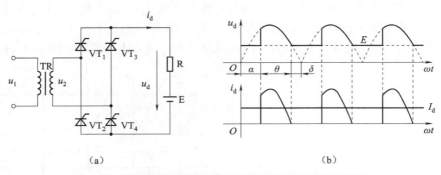

图 4-5 单相桥式接反电动势-电阻负载时的电路及波形

（a）单相桥式接反电动势-电阻负载全控整流电路；（b）单相桥式接反电动势-电阻负载全控整流电路波形

当 $\alpha<\delta$ 时，触发脉冲到来时，晶闸管承受负电压，不导通。为了使晶闸管可靠导通，要求触发脉冲有足够的宽度，保证当晶闸管开始承受正电压时，触发脉冲仍然存在。若负载为直流电动机，此时负载性质为反电动势电感性负载，电感不够大，输出电流波形会断续。在负载回路串联接入平波电抗器可以减小电流脉动，如果电感足够大，电流会连续。当 $\alpha>\delta$ 时，其工作情况与电感性负载相同。

与单相半波可控整流电路相比，单相桥式全控整流电路整流电压脉动减小，每个周期脉动两次。变压器二次侧流过正反两个方向的电流，不存在直流磁化，利用率高。

5. 实验电路的组成及实验方法

(1) 实验电路的组成

实验电路主要由单相锯齿波移相触发电路、脉冲变压器、功率开关（晶闸管）、电源及负载组成，如附图 4-2 所示。单相桥式全控整流电路的主电路是由 4 个晶闸管构成的桥式全控电路，在交流电源的每个半波内由一对晶闸管来限定电流的通路。

（2）实验方法

1）打开系统总电源，将主电源输出电压转换开关置于 3 挡，即主电源相电压输出设定为 220 V，调试单相锯齿波移相触发电路，调试方法参考 3.2 节实验部分。

2）将电阻值增至最大值，用万用表测量阻值并记录，然后按照附图 4-2 接线，只接电阻负载，不接电感负载。

3）调节单相锯齿波移相触发电路的控制电位器使输出脉冲控制角最大，依次闭合控制电路、主电路电源开关。

4）调节单相锯齿波移相触发电路的控制电位器，逐渐减小脉冲控制角，测量负载两端电压，观察并记录不同控制角对于电流（电阻两端电压除以电阻值）波形和负载电压的影响，并计算对应控制角的电压理论值，将结果记录在表 4-2 中。依次关闭系统主电路、控制电路电源开关。

表 4-2 单相桥式全控整流电路　　$U_2 = $ _____ V

负载	控制角/(°)	150	120	90	60	30	0
R 负载	U_d/V						
	I_d/A						
	$U_{d理论值}$/V						
RL 负载	U_d/V						
	I_d/A						
E 负载	U_d/V						
	I_d/A						
	$n/(\text{r} \cdot \text{min}^{-1})$						

5）改变电路的负载特性，将负载电阻与平波电抗器串联，作为阻感负载。重复以上步骤，将结果记录在表 4-2 中。

6）接入直流电动机作为反电动势负载。重复以上步骤，测试电枢电压和电枢电流，将测试结果记录在表 4-2 中。

7）对比实验结果，分析电路工作原理。实验完毕，依次关断系统主电路、控制电路以及系统总电源。拆除实验导线，整理实验设备。

6. 实验报告

1）通过实验分析单相桥式全控整流电路的工作特性及工作原理。

2）通过实验数据分析实验结果。

3）分析单相桥式全控整流电路在不同负载、不同控制角时的 u_d、i_d 波形。

4）分析单相桥式全控整流电路与半波可控整流电路比较的优缺点。

5）简述本次实验总结与体会。

4.1.1.3 单相全波可控整流电路

1. 实验目的

1）掌握单相全波可控整流电路的基本组成和工作原理。

2）掌握单相锯齿波移相触发电路的调试。

3）加深理解单相全波可控整流电路在不同负载时的工作特性。

2．实验内容

1）单相锯齿波移相触发电路的调试。

2）单相全波可控整流电路阻性负载研究。

3）单相全波可控整流电路阻感负载研究。

3．实验设备与仪器

1）晶闸管主电路。

2）单相锯齿波移相触发电路。

3）交直流电源及单相同步信号电源。

4）电流检测及变换电路。

5）电阻负载、电感负载。

6）双踪示波器、数字万用表等测试仪器。

4．实验原理

单相全波可控整流电路从电路形式看，相当于由两个电源电压相位错开180°的两组单相半波可控整流电路并联而成，所以又称单相双半波可控整流电路。它采用带中心抽头的电源变压器配合两个晶闸管实现全波可控整流电路。其输入输出特性与桥式全控整流电路类似，区别在于电源变压器的结构、晶闸管上的耐压以及整流电路的管压降大小不同。其带电阻负载时的电路如图4-6（a）所示。

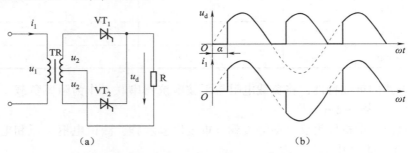

图4-6 单相全波电阻负载可控整流电路及波形
（a）单相全波可控整流电路；（b）单相全波可控整流电路波形

在图4-6（a）中，变压器TR带中心抽头，在u_2正半周期，VT_1工作，变压器绕组上半部分流过电流；在u_2负半周期，VT_2工作，变压器绕组下半部分流过反方向电流。图4-6（b）给出了u_d和变压器一次侧电流i_1的波形。

1）单相全波可控整流电路与单相桥式全控整流电路从直流输出端或从交流输入端看均是基本一致的，变压器不存在直流磁化的问题。

2）单相全波可控整流电路只用两个晶闸管，比单相桥式全控整流电路少两个，相应地，晶闸管的门极驱动电路也少两个；晶闸管承受的最大电压是单相桥式全控整流电路的两倍。

3）单相全波可控整流电路中，导电回路只含一个晶闸管，比单相桥式全控整流电路少一个晶闸管，因而也少一个管压降。

从上述2)、3)考虑，单相全波可控整流电路适合应用于低输出电压的场合。

由于单相全波可控整流电路输出电压 u_d 的波形是单相半波可控整流电路输出电压相同波形的 2 倍，所以输出电压平均值为单相半波的 2 倍。其计算公式为

$$U_d = 2 \times 0.45 U_2 \frac{1+\cos\alpha}{2} = 0.9 \times \frac{1+\cos\alpha}{2}$$

单相全波可控整流电路控制角的移相范围为 0°~180°，与单相半波可控整流电路相同。

5. 实验电路的组成及实验方法

(1) 实验电路的组成

实验电路主要由单相锯齿波移相触发电路、脉冲变压器、功率开关（晶闸管）、电源及负载组成。实验电路如附图 4-3 所示。

(2) 实验方法

1) 打开系统总电源，将主电源输出电压转换开关置于 3 挡，即主电源相电压输出设定为 220 V，调试单相锯齿波移相触发电路，调试方法参考 3.2 节实验部分。

2) 将电阻值增至最大值，用万用表测量阻值并记录，然后按照附图 4-3 接线，只接电阻负载，不接电感负载。

3) 调节单相锯齿波移相触发电路的控制电位器使脉冲控制角最大，依次闭合控制电路、主电路电源开关。

4) 缓慢调节单相锯齿波移相触发电路的控制电位器，逐渐减小脉冲控制角，测量负载两端电压，观察并记录不同控制角对电流（电阻两端电压除以电阻值）波形和负载电压的影响，并计算对应控制角的电压理论值，将结果记录在表 4-3 中。依次关闭系统主电路、控制电路电源开关。

表 4-3 单相全波可控整流电路　　　$U_2 = $ _____ V

负载	控制角/(°)	150	120	90	60	30
R 负载	U_d/V					
	I_d/A					
	U_d理论值/V					
RL 负载	U_d/V					
	I_d/A					

5) 改变电路的负载特性，将负载电阻与平波电抗器串联，作为阻感负载。重复以上步骤，将结果记录在表 4-3 中。

6) 对比实验结果，分析电路工作原理。实验完毕，依次关断系统主电路、控制电路以及系统总电源。拆除实验导线，整理实验设备。

6. 实验报告

1) 通过实验分析单相全波可控整流电路的工作特性及工作原理。

2) 分析单相全波可控整流电路在不同负载、不同控制角时的 u_d、i_d 波形。

3) 通过实验数据分析实验结果。

4) 简述本次实验总结与体会。

4.1.1.4 单相桥式半控整流电路

1. 实验目的
1) 掌握单相桥式半控整流电路的基本组成和工作原理。
2) 掌握单相锯齿波移相触发电路的调试。
3) 加深理解单相桥式半控整流电路在不同负载时的工作特性。

2. 实验内容
1) 单相锯齿波移相触发电路的调试。
2) 单相桥式半控整流电路阻性负载研究。
3) 单相桥式半控整流电路阻感负载研究。

3. 实验设备与仪器
1) 晶闸管主电路。
2) 单相锯齿波移相触发电路。
3) 交直流电源及单相同步信号电源。
4) 电流检测及变换电路。
5) 电阻负载、电感负载。
6) 双踪示波器、数字万用表等测试仪器。

4. 实验原理

单相桥式半控整流电路在阻感负载时的电路及波形如图 4-7 所示，每个导电回路由 1 个晶闸管和 1 个二极管构成。

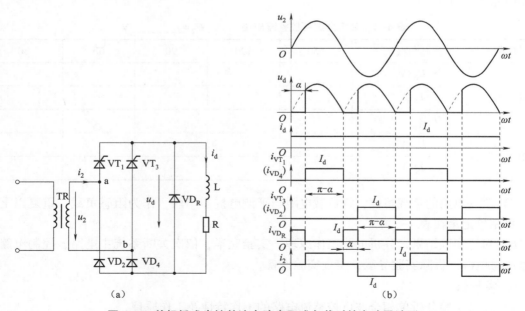

图 4-7 单相桥式半控整流电路在阻感负载时的电路及波形
(a) 单相桥式半控整流电路；(b) 单相桥式半控整流电路的波形

单相桥式半控整流电路与单相桥式全控整流电路在电阻负载时的工作特性相同，以下针对电感负载进行讨论。

在 u_2 正半周期，α 处触发 VT_1，u_2 经 VT_1 和 VD_4 向负载供电；u_2 过零变负时，电感作用使电流连续，VT_1 继续导通，但因 a 点电位低于 b 点电位，电流是由 VT_1 和 VD_2 续流，$u_d=0$。

在 u_2 负半周期，α 触发 VT_3，向 VT_1 加反压使之关断，u_2 经 VT_3 和 VD_2 向负载供电；u_2 过零变正时，VD_4 导通，VD_2 关断，VT_3 和 VD_4 续流，u_d 又为零。此后重复以上过程。

该电路在实际应用中须加续流二极管 VD_R，以避免可能发生的失控现象。实际运行中，若无续流二极管，则当 α 突然增大至 180°或触发脉冲丢失时，会发生一个晶闸管持续导通而两个二极管轮流导通的情况，这使 u_d 成为正弦半波，即半周期 u_d 为正弦波，另外半周期 u_d 为零，其平均值保持恒定，相当于单相半波不可控整流电路时的波形，称为失控波形。

有续流二极管 VD_R 时，续流过程由 VD_R 完成，避免失控现象。续流期间导电回路中只有一个管压降，比非续流期间少了一个管压降，有利于降低损耗。

5. 实验电路的组成及实验方法

(1) 实验电路的组成

实验电路主要由单相锯齿波移相触发电路、脉冲变压器、功率开关（晶闸管）、续流二极管、电源及负载组成。实验电路如附图 4-4 所示。半控整流电路是全控整流电路的简化，单相桥式全控整流电路采用两个晶闸管来限定一个方向的电流流通路径，实际上，每个支路只要有一个晶闸管来限定电流路径对于可控整流电路来说就可以满足要求，于是将桥式全控电路中的上半桥或者下半桥的一对管替换成二极管，就构成了单相桥式半控整流电路。

(2) 实验方法

1) 打开系统总电源，将主电源输出电压转换开关置于 3 挡，即主电源相电压输出设定为 220 V，调试单相锯齿波移相触发电路，调试方法参考 3.2 节实验部分。

2) 将电阻值增至最大值，用万用表测量阻值并记录，然后按照附图 4-4 接线，只接电阻负载，不接电感负载。

3) 调节单相锯齿波移相触发电路的控制电位器使脉冲控制角最大，经指导教师检查线路无误后，可上电开始实验。依次闭合控制电路、主电路电源开关。

4) 缓慢调节单相锯齿波移相触发电路的控制电位器，逐渐减小脉冲控制角，测量负载两端电压，观察并记录不同控制角对电流（电阻两端电压除以电阻值）波形和负载电压的影响，并计算对应控制角的电压理论值，将结果记录在表 4-4 中。依次关闭系统主电路、控制电路电源开关。

表 4-4 单相桥式半控整流电路　　$U_2 = $ _____ V

负载	控制角/(°)	150	120	90	60	30
R 负载	U_d/V					
	I_d/A					
	$U_{d理论值}$/V					
RL 负载	U_d/V					
	I_d/A					

5) 改变电路的负载特性,将负载电阻与平波电抗器串联,作为阻感负载,并且在负载两端反向并联续流二极管。重复以上步骤,将结果记录在表 4-4 中。

6) 对比实验结果,分析电路工作原理。实验完毕,依次关断系统主电路、控制电路以及系统总电源。拆除实验导线,整理实验设备。

6. 实验报告

1) 通过实验分析单相桥式半控整流电路的工作特性及工作原理。
2) 分析单相桥式半控整流电路在不同负载时的 u_d、i_d 波形。
3) 通过实验数据分析实验结果。
4) 分析电感负载并联反向续流二极管的作用。

4.1.2 三相整流电路

4.1.2.1 三相半波可控整流电路

1. 实验目的

1) 掌握三相半波可控整流电路的基本组成和工作原理。
2) 掌握三相锯齿波移相触发电路的工作原理。
3) 研究三相半波可控整流电路在不同负载时的工作特性。
4) 了解晶闸管三相半波可控整流电路的应用。

2. 实验内容

1) 三相锯齿波移相触发电路的测试。
2) 三相半波可控整流电路阻性负载研究。
3) 三相半波可控整流电路阻感负载研究。
4) 三相半波可控整流电路反电动势负载研究。

3. 实验设备与仪器

1) 晶闸管主电路。
2) 三相锯齿波移相触发电路。
3) 主控同步变压器。
4) 给定电路积分器、电流检测及变换电路。
5) 电阻负载(0~100 Ω)、电感负载(200 mH)。
6) 直流电动机(130SZ01)、光电编码器。
7) 双踪示波器、数字万用表等测试仪器。

4. 实验原理

(1) 带电阻负载的工作情况

为了得到零线,整流变压器二次绕组接成星形。为了给三次谐波电流提供通路,减少高次谐波对电网的影响,变压器一次绕组接成三角形。图 4-8(a)中三个晶闸管的阴极连在一起,为共阴极接法。

稳定工作时,三个晶闸管的触发脉冲互差 120°,规定 $\omega t = \pi/6$ 为控制角 α 的起点,称为自然换相点。三相半波共阴极可控整流电路自然换相点是三相电源相电压正半周期波形的交叉点，在各相电压的 $\pi/6$ 处，即 ωt_1、ωt_2、ωt_3 点，自然换相点之间互差 $2\pi/3$，三相脉冲也互差 $120°$。图4-8（b）所示为三相半波可控整流电路及电阻负载 $\alpha=0°$ 时的波形。

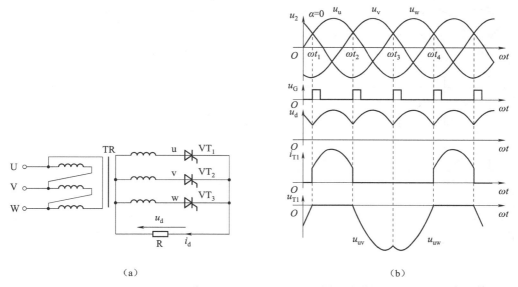

图4-8 三相半波可控整流电路及电阻负载 $\alpha=0°$ 时的波形
(a) 三相半波可控整流电路；(b) 电阻负载 $\alpha=0°$ 时的波形

在 ωt_1 时刻触发 VT_1，在 $\omega t_1 \sim \omega t_2$ 区间有 $u_u > u_v$、$u_u > u_w$，U 相电压最高，VT_1 承受正向电压而导通，输出电压 $u_d = u_u$。其他晶闸管承受反向电压不导通。VT_1 通过的电流 u_{T1} 与变压器二次侧 U 相电流波形相同，大小相等。

在 ωt_2 时刻触发 VT_2，在 $\omega t_2 \sim \omega t_3$ 区间 V 相电压最高，由于 $u_u < u_v$，VT_2 承受正向电压而导通，$u_d = u_v$。VT_1 两端电压 $u_{T1} = u_u - u_v = u_{uv} < 0$，晶闸管 VT_1 承受反向电压关断。在 VT_2 导通期间，VT_1 两端电压 $u_{T1} = u_u - u_v = u_{uv}$。在 ωt_2 时刻发生的一相晶闸管导通变换为另一相晶闸管导通的过程称为换相。

在 ωt_3 时刻触发 VT_3，在 $\omega t_3 \sim \omega t_4$ 区间 W 相电压最高，由于 $u_v < u_w$，VT_3 承受正向电压而导通，$u_d = u_w$。VT_2 两端电压 $u_{T2} = u_v - u_w = u_{vw} < 0$，晶闸管 VT_2 承受反向电压关断。在 VT_3 导通期间 VT_1 两端电压 $u_{T1} = u_u - u_w = u_{uw}$。

一个周期内，VT_1 导通 $2\pi/3$，其余 $4\pi/3$ 时间承受反向电压处于关断状态。

只有承受高电压的晶闸管元件才能被触发导通，输出电压 u_d 波形是相电压的一部分，每个周期脉动三次，是三相电源相电压正半波完整包络线，输出电流 i_d 与输出电压 u_d 波形相同（$i_d = u_d/R$）。

阻性负载 $\alpha=0°$ 时，VT_1 在 VT_2、VT_3 导通时仅承受反压，随着 α 的增加，晶闸管承受正向电压增加；其他两个晶闸管承受的电压波形相同，仅相位依次相差 $120°$。增大 α，则整流电压相应减小。

三相半波可控整流电路电阻负载 $\alpha=30°$、$\alpha=60°$ 时的波形分别如图4-9、图4-10所示，$\alpha=30°$ 是输出电压、电流连续和断续的临界点。当 $\alpha<30°$ 时，后一相的晶闸管导通使前一相的晶闸管关断。当 $\alpha>30°$ 时，导通的晶闸管由于交流电压过零变负而关断后，后一相的晶闸管未到触发时刻，此时三个晶闸管都不导通，直到后一相的晶闸管被触发导通。

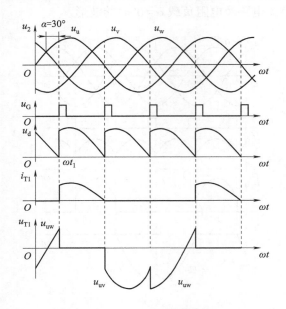
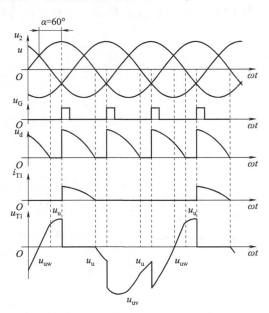

图 4-9　三相半波电阻负载可控整流电路 $\alpha=30°$ 时的波形

图 4-10　三相半波电阻负载可控整流电路 $\alpha=60°$ 时的波形

可以看出晶闸管承受最大正向电压是变压器二次侧相电压的峰值，$U_{FM}=\sqrt{6}U_2$，晶闸管承受最大反向电压是变压器二次侧线电压的峰值，$U_{RM}=\sqrt{2}U_2$。$\alpha=150°$ 时输出电压为零，所以三相半波可控整流电路阻性负载移相范围是 0°～150°。

$\alpha=30°$ 是 u_d 波形连续和断续的分界点。计算输出电压平均值 U_d 时应分两种情况进行。

1) 当 $\alpha\leqslant30°$ 时，

$$U_d = \frac{1}{2\pi/3}\int_{\frac{\pi}{6}+\alpha}^{\frac{5\pi}{6}+\alpha}\sqrt{2}U_2\sin\omega t\,d(\omega t) = 1.17U_2\cos\alpha$$

当 $\alpha=0°$ 时

$$U_d = U_{d0} = 1.17U_2$$

2) 当 $\alpha>30°$ 时，

$$U_d = \frac{1}{2\pi/3}\int_{\frac{\pi}{6}+\alpha}^{\pi}\sqrt{2}U_2\sin\omega t\,d(\omega t) = 0.675U_2[1+\cos(\pi/6+\alpha)]$$

当 $\alpha=150°$ 时，$U_d=0$，控制角的移相范围是 0°～150°。

输出电流平均值 I_d

$$I_d = \frac{U_d}{R}$$

（2）带阻感负载时的工作情况

当 $\alpha\leqslant30°$ 时，工作情况与阻性负载相同，输出电压 u_d 波形、u_T 波形也相同，三相半波可控整流电路感性负载时的电路及波形如图 4-11 所示。由于负载电感的储能作用，输出电流 i_d 近似直流波形，晶闸管中电流为幅度 I_d、宽度 $2\pi/3$ 的矩形波电流，导通角 $\theta=120°$。

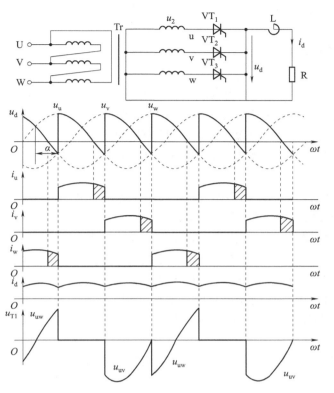

图 4-11 三相半波可控整流电路感性负载时的电路及波形

当 α>30°时，假设 α=60°，VT_1 已经导通，在 u 相交流电压过零变负后，VT_1 在负载电感产生的感应电势作用下维持导通，输出电压 $u_d<0$，直到 VT_2 被触发导通，VT_1 承受反向电压关断，输出电压 $u_d=u_v$。

由于 u_d 波形是连续的，输出电压 U_d 为

$$U_d = \frac{1}{2\pi/3}\int_{\frac{\pi}{6}+\alpha}^{\frac{5\pi}{6}+\alpha}\sqrt{2}U_2\sin\omega t\,d(\omega t) = 1.17U_2\cos\alpha$$

当 α=0°时，$U_d=1.17U_2$，当 α=90°时，$U_d=0$，所以控制角的移相范围是 0°~90°。输出电流平均值为

$$I_d = \frac{U_d}{R} = \frac{1.17U_2\cos\alpha}{R}$$

晶闸管电流平均值是输出电流的 1/3，其有效值为

$$I_T = \frac{1}{\sqrt{3}}I_d = 0.577I_d$$

三相半波可控整流电路中，变压器副边电流和晶闸管电流相同，故有

$$I_2 = I_T$$

由于负载电流连续，晶闸管承受的最大正反向电压是变压器二次侧线电压的峰值，即

$$U_{FM} = U_{RM} = \sqrt{2}\times\sqrt{3}\,U_2 = \sqrt{6}\,U_2$$

三相半波可控整流电路的主要缺点在于变压器二次侧电流中含有直流分量，因此其应用较少。

5. 实验电路的组成及实验方法

(1) 实验电路的组成

实验电路主要由三相锯齿波移相触发电路、脉冲变压器、功率开关（晶闸管）、电源及负载组成，实验电路如附图 4-5 所示。三相半波可控整流电路是三相可控整流电路的一种基本形式。主电路中有 3 个晶闸管，分别限定每相电流的流通路径。为了获得中线，要求电源变压器的副边必须采用星形接法，电路每隔 120° 换相一次。

(2) 实验方法

1) 打开系统总电源，调试三相锯齿波移相触发电路，调试方法参考 3.3 节实验部分。

2) 电阻值增至最大值，测量阻值并记录，按照附图 4-5 接线，只接电阻负载，不接电感。（在测试过程中可以调整电阻值，以确保电流大于 0.2 A 并小于 4 A）。

3) 主电源相电压输出设定为 52 V，调节给定电路积分器的正给定电位器使输出给定信号电压为 0 V，依次闭合控制电路、主电路电源开关。

4) 逐渐增加给定电压，测量负载两端电压，观察不同控制角对于电流（电阻两端电压除以电阻值）波形和负载电压的影响，并计算对应控制角的电压理论值，将结果记录在表 4-5 中。

5) 分析电路工作原理。实验完毕，调节给定电压为 0 V，依次断开系统主电路、控制电路电源开关。

6) 改变电路的负载特性，将负载电阻与平波电抗器串联，作为阻感负载。重复以上步骤，将结果记录在表 4-5 中。

7) 接入直流电动机作为反电动势负载。重复以上步骤，测试电枢电压和电枢电流，将测试结果记录在表 4-5 中。

表 4-5　三相半波可控整流电路　　$U_2 =$ _____ V

负载	控制角/(°)	120	90	60	30	0
R 负载	U_d/V					
	I_d/A					
	$U_{d理论值}$/V					
RL 负载	U_d/V					
	I_d/A					
E 负载	$U_{d理论值}$/V					
	I_d/A					
	n/(r·min^{-1})					

6. 实验报告

1) 通过实验分析三相半波可控整流电路的工作特性。

2) 通过实验数据分析实验结果。

3) 分析有关实验波形。

①分析阻性负载时的整流电压波形。

②分析阻感负载时的整流电压、电流波形。

③分析反电动势（电动机）负载时的整流电压、电流波形。

4) 简述本次实验总结与体会。

4.1.2.2 三相桥式全控整流电路

1. 实验目的

1) 掌握三相桥式全控整流电路的基本组成和工作原理。
2) 掌握三相锯齿波移相触发电路的工作原理。
3) 研究三相桥式全控整流电路在不同负载时的工作特性。
4) 了解晶闸管三相桥式全控整流电路的应用。

2. 实验内容

1) 三相锯齿波移相触发电路的测试。
2) 三相桥式全控整流电路阻性负载研究。
3) 三相桥式全控整流电路阻感负载研究。
4) 三相桥式全控整流电路反电动势负载研究。

3. 实验设备与仪器

1) 晶闸管主电路。
2) 三相锯齿波移相触发电路。
3) 主控同步变压器。
4) 给定电路积分器、电流检测及变换电路。
5) 电阻负载（0~100 Ω）、电感负载（200 mH）。
6) 直流电动机（130SZ01）、光电编码器。
7) 双踪示波器、数字万用表等测试仪器。

4. 实验原理

（1）带电阻负载的工作情况

三相桥式全控整流电路如图 4-12 所示，电路中共阴极接法（VT_1、VT_3、VT_5）和共阳极接法（VT_4、VT_6、VT_2）的控制角 α 分别与三相半波可控整流电路共阴极接法和共阳极接法相同。

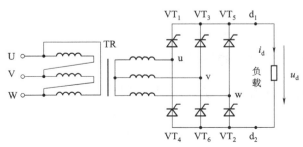

图 4-12 三相桥式全控整流电路

为了说明晶闸管的工作情况，将一个周期相电压波形分为 6 段，每段为 60°，每段中导通的晶闸管及输出整流电压情况如表 4-6 所示。6 个晶闸管的导通顺序为 VT$_1$、VT$_2$、VT$_3$、VT$_4$、VT$_5$、VT$_6$、VT$_1$。

表 4-6　三相桥式全控整流电路电阻负载（$\alpha=0°$）时晶闸管工作情况

时段	Ⅰ	Ⅱ	Ⅲ	Ⅳ	Ⅴ	Ⅵ
导通晶闸管	VT$_6$、VT$_1$	VT$_1$、VT$_2$	VT$_2$、VT$_3$	VT$_3$、VT$_4$	VT$_4$、VT$_5$	VT$_5$、VT$_6$
输出电压	u_{uv}	u_{uw}	u_{vw}	u_{vu}	u_{wu}	u_{wv}

三相桥式全控整流电路带电阻负载 $\alpha=0°$ 时的波形如图 4-13 所示，三相桥式全控整流电路的工作特点如下。

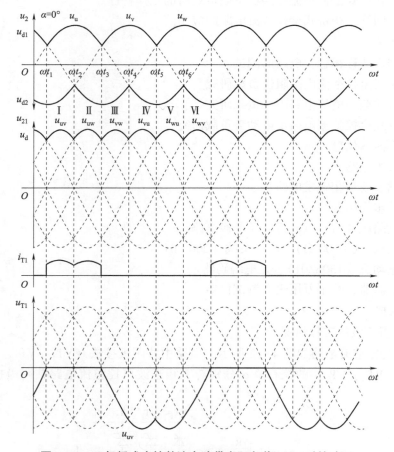

图 4-13　三相桥式全控整流电路带电阻负载 $\alpha=0°$ 时的波形

1) 任何时候共阴极、共阳极各有一个元件同时导通才能形成电流通路。

2) 共阴极组晶闸管 VT$_1$、VT$_3$、VT$_5$，按相序依次触发导通，相位相差 120°，共阳极组晶闸管 VT$_2$、VT$_4$、VT$_6$，相位相差 120°，同一相序的晶闸管相位相差 180°。每个晶闸管导通角为 120°。

3) 输出电压 u_d 由 6 段线电压组成,每个周期脉动 6 次,每个周期脉动频率为 300 Hz。

4) 晶闸管承受的电压波形与三相半波时相同,它只与晶闸管导通情况有关,其波形由三段组成:一段为零(忽略导通时的压降),两段为线电压。晶闸管承受最大正、反向电压的关系也相同。

5) 变压器二次绕组流过正负两个方向的电流,消除了变压器的直流磁化,提高了变压器的利用率。

6) 对触发脉冲宽度的要求:整流桥开始工作时以及电流中断后,要使电路正常工作,须保证应同时导通的两个晶闸管均有脉冲,常用的方法有两种:一种是宽脉冲触发,它要求触发脉冲的宽度大于 60°(一般为 80°~100°),另一种是双窄脉冲触发,即触发一个晶闸管时,向前一个晶闸管补发脉冲。宽脉冲触发要求触发功率大,易使脉冲变压器饱和,所以多采用双窄脉冲触发。

三相桥式全控整流电路带电阻负载 $\alpha=60°$、$\alpha=90°$ 时的波形如图 4-14、图 4-15 所示,可以看出,$\alpha=60°$ 是输出电压 U_d 波形连续和断续的分界点,$\alpha\leqslant60°$ 时的 u_d 波形连续,$\alpha>60°$ 时的 u_d 波形断续。$\alpha=120°$ 时,输出电压为零,因此三相桥式全控整流电路电阻负载移相范围为 0°~120°。

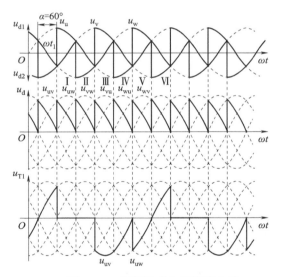

图 4-14 三相桥式全控整流电路带电阻负载 $\alpha=60°$ 时的波形

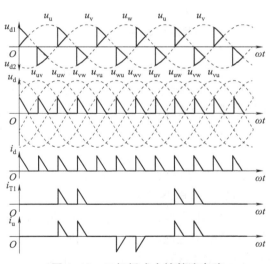

图 4-15 三相桥式全控整流电路带电阻负载 $\alpha=90°$ 时的波形

(2) 带阻感负载的工作情况

$\alpha\leqslant60°$ 时阻感负载的工作情况与电阻负载时相似,各晶闸管的通断情况、输出整流电压 u_d 波形、晶闸管承受的电压波形等一样;区别在于,电感的作用使得负载电流波形变得平直,当电感足够大时,负载电流的波形可近似为一条水平线。三相桥式全控整流电路带阻感负载 $\alpha=60°$ 时的波形如图 4-16 所示。

$\alpha>60°$ 时阻感负载时的工作情况与电阻负载时不同,由于负载电感感应电势的作用,u_d 波形会出现负的部分。三相桥式全控整流电路带阻感负载 $\alpha=90°$ 时的波形如图 4-17 所示,可以看出,当 $\alpha=90°$ 时,u_d 波形上下对称,平均值为零,因此三相桥式全控整流电路阻感负载的控制角移相范围为 0°~90°。

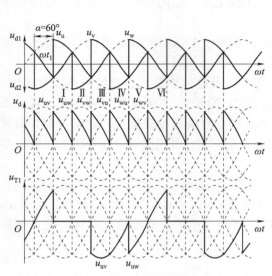

图 4-16 三相桥式全控整流电路带阻感负载 $\alpha=60°$ 时的波形

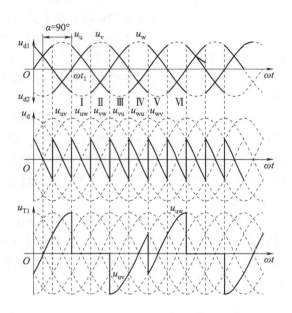

图 4-17 三相桥式全控整流电路带阻感负载 $\alpha=90°$ 时的波形

（3）带反电动势负载的工作情况

在带反电动势阻感负载时，在负载电感大到足以使负载电流连续的情况下，电路工作情况与阻感负载时相似，电路中各处电压、电流波形均相同，仅在计算 I_d 时有所不同，I_d 为

$$I_d = \frac{U_d - E_M}{R}$$

5. 实验电路的组成及实验方法

（1）实验电路的组成

实验电路主要由触发电路、脉冲变压器、功率开关（晶闸管）、电源及负载组成。三相桥式全控整流主电路包含 6 个晶闸管，在工作时，同时有非同相的 2 个晶闸管导通，每隔 60°会有一次换相，输出电压在每个交流电源周期内会有 6 次相同的脉动，就输出电压纹波而言，较三相半波可控整流电路小一半。实验电路如附图 4-6（a）所示。

（2）实验方法

1）打开系统总电源，调试三相锯齿波移相触发电路，调试方法参考 3.3 节实验部分。

2）电阻值增至最大值，测量阻值并记录，按照附图 4-6（a）接线，只接电阻负载，不接电感。（在测试过程中可以调整阻值，以确保电流大于 0.2 A 并小于 4 A）。

3）主电源相电压输出设定为 52 V，调节给定电路积分器的正给定电位器使输出给定信号电压为 0 V，依次闭合控制电路、主电路电源开关。

4）逐渐增加给定电压，测量负载两端电压，观察不同控制角对电流（电阻两端电压除以电阻值）波形和负载电压的影响，并计算对应控制角的电压理论值，将结果记录在表 4-7 中。

表 4-7 三相桥式可控整流电路　　$U_2 =$ _____ V

负载	控制角/(°)	120	90	60	30	0
R 负载	U_d/V					
	I_d/A					
	$U_{d理论值}$/V					
RL 负载	U_d/V					
	I_d/A					
E 负载	U_d/V					
	I_d/A					
	$n/(\text{r}\cdot\text{min}^{-1})$					

5）分析电路工作原理。实验完毕，调节给定电压为 0 V，依次断开系统主电路、控制电路电源开关。

6）改变电路的负载特性，将负载电阻与平波电抗器串联，作为阻感负载。重复以上步骤，将结果记录在表 4-7 中。

7）接入直流电动机作为反电动势负载。重复以上步骤，测试电枢电压和电枢电流，将测试结果记录在表 4-7 中。

6．实验报告

1）通过实验分析三相半波可控整流电路的工作特性。

2）通过实验数据分析实验结果。

3）分析有关实验波形。

①分析电阻负载时的整流电压波形。

②分析阻感负载时的整流电压、电流波形。

③分析反电动势（电动机）负载时的整流电压、电流波形。

4）分析三相全控整流电路与三相半控整流电路的区别。

5）简述本次实验总结与体会。

4.1.3　应用案例：高压直流输电

高压直流输电用于远距离或超远距离输电，因为它相对传统的交流输电更经济。高压直流输电是将三相交流电通过换流站整流变成直流电，然后通过直流输电线路送往另一个换流站逆变成三相交流电的输电方式。它基本上由两个换流站和直流输电线组成，两个换流站与两端的交流系统相连接。

2019 年 9 月 26 日正式投运的—准东—皖南±1 100 kV 特高压直流输电工程，穿越 6 省，翻天山秦岭、跨黄河长江。准东—皖南±1 100 kV 特高压直流输电工程起于新疆昌吉回族自治州昌吉换流站，止于安徽宣城市古泉换流站，途经新疆、甘肃、宁夏、陕西、河南、安徽六个省区，是目前世界上电压等级最高、输送容量最大、输电距离最远、技术水平最先进的特高压直流输电工程，是中国电力的"金色名片"。

4.2 DC-DC 变换

4.2.1 基本斩波电路

4.2.1.1 降压斩波电路研究

1. 实验目的
1) 掌握降压斩波电路的工作原理及特点。
2) 掌握降压斩波电路的工作特性。
2. 实验内容
1) 研究降压斩波电路的工作特性。
2) 研究不同负载对电路工作状态的影响。
3. 实验设备与仪器
1) 直流斩波电路、光电隔离驱动电路。
2) 单相多功能 PWM 发生器。
3) 交直流电源及单相同步信号电源。
4) 电阻负载、电感负载。
5) 双踪示波器、数字万用表等测试仪器。
4. 实验原理

降压斩波电路（Buck 斩波电路）如图 4-18 所示，该电路 VT 为开关管，为在 VT 关断时给负载中的电感电流提供通道，设置了续流二极管 VD，该电路主要用于电子电路的供电电源，也可拖动直流电动机或带蓄电池负载等。

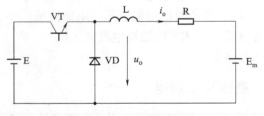

图 4-18 降压斩波电路

降压斩波电路存在电感电流连续和断续模式，其波形如图 4-19 所示。下面简要说明原理。

$t=0$ 时刻驱动 VT 导通，电源 E 向负载供电，负载电压 $u_o = E$，负载电流 i_o 按指数曲线上升。

$t=t_1$ 时控制 VT 关断，二极管 VD 续流，负载电压 u_o 近似为零，负载电流呈指数曲线下降，通常串联接入较大电感 L 使负载电流连续且脉动小。

至一个周期 T 结束，再驱动 VT 导通，重复上一周期的过程。当电路工作于稳态时，负载电流在一个周期的初值和终值相等，如图 4-19 (a) 所示。负载电压的平均值为

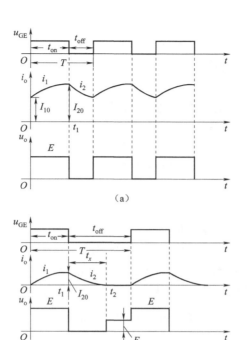

图 4-19 降压斩波电路的波形
(a) 电流连续时的波形；(b) 电流断续时的波形

$$U_o = \frac{t_{on}}{t_{on}+t_{off}}E = \frac{t_{on}}{T}E = DE$$

式中　t_{on}——VT 处于通态的时间；
　　　t_{off}——VT 处于断态的时间；
　　　T——开关周期；
　　　D——导通占空比，简称占空比或导通比。

由于输出到负载的电压 u_o 平均值最大为 E_m，减小占空比 D，u_o 随之减小，因此将该电路称为降压斩波电路。

负载电流平均值 I_o 为

$$I_o = \frac{U_o - E_m}{R}$$

若负载中电感值较小，在 VT 关断后，如图 4-19（b）所示，t_2 时刻，负载电流已衰减至零，出现负载电流断续的情况。电流断续时，负载电压 u_o 平均值会被抬高，一般不希望出现电流断续的情况。

5. 实验电路的组成及实验方法

（1）实验电路的组成

电压控制型半导体电力开关在稳态时门极是否发挥控制作用实际上不取决于电流，只是在高频时，电荷必须尽快传至门极电容或从其抽出，这就要求在导通和关断信号的起始段有很高的门极脉冲电流，专门为电压控制型开关器件提供脉冲，脉冲经光电隔离后，再经过放大，最后驱动电压控制型半导体器件。

实验电路主要由单相多功能 PWM 波形发生器、光电隔离、功率开关器件、电源及负载组成。实验电路如附图 4-7 所示。

(2) 实验方法

1) 打开系统总电源，将主电源输出电压转换开关置于 3 挡，即主电源相电压输出设定为 220 V。调试单相多功能 PWM 发生器，调试方法参考 3.4 节实验部分。

2) 将单相多功能 PWM 发生器的模式开关 S_1 向下拨，波形发生器设定为 PWM 工作模式；调节电位器 R_{P3}，使三角波发生器的输出频率为 5 kHz。

3) 模式开关 S_2 向上拨，占空比在 1%~90% 内可调，调节脉宽控制电位器 R_{P2} 将占空比设定为最小值。

4) 按照附图 4-7 接线，只接电阻负载。

5) 依次闭合控制电路、主电路的电源开关；用示波器监测负载电阻两端的波形，缓慢调节脉宽控制电位器 R_{P2}，逐渐增大占空比，观察并记录占空比不同时负载两端电压、电流波形的变化情况，并将输出电压填入表 4-8 中，分析电路工作原理。

表 4-8 降压斩波电路测试

占空比 D	10%	30%	50%	70%	90%
输出电压 U_o					

6) 断开电源，将负载更改为电阻电感，然后重复电阻负载时的实验步骤，实验完毕，依次关闭系统主电路、控制电路以及系统总电源。

6. 实验报告

1) 通过实验分析降压斩波电路的工作特性及工作原理。

2) 整理记录下的实验波形，画出不同负载下的 $U_o=f(D)$ 的关系曲线。

3) 分析讨论实验中出现的各种现象。

4.2.1.2 升压斩波电路研究

1. 实验目的

1) 掌握升压斩波电路的基本组成和工作原理。

2) 掌握升压斩波电路的工作特性。

2. 实验内容

1) 研究升压斩波电路的工作特性。

2) 研究负载不同时对电路工作状态的影响。

3. 实验设备与仪器

1) 直流斩波电路、光电隔离驱动电路。

2) 单相多功能 PWM 发生器。

3) 交直流电源及单相同步信号电源。

4) 电阻负载、电容及电感负载。

5) 双踪示波器、数字万用表等测试仪器。

4. 实验原理

升压斩波电路（Boost 斩波电路）及工作波形如图 4-20 所示。它是基本斩波电路的一个典型电路，可以实现升压，主要用于有源功率因数校正（APFC）。

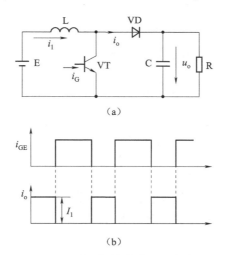

图 4-20　升压斩波电路及工作波形
（a）升压斩波电路；（b）工作波形

分析升压斩波电路的工作原理时，假设电路中电感值和电容值很大。当开关管 VT 处于通态时，电源 E 向电感 L 充电，充电电流基本恒定为 I_1，同时电容 C 上的电压向负载 R 供电，因电容值很大，基本保持输出电压 u_o 为恒值，记为 U_o。设开关管 VT 处于通态的时间为 t_{on}，此阶段电感 L 上积蓄的能量为 EI_1t_{on}。当开关管 VT 处于断态时 E 和 L 共同向电容 C 充电，并向负载 R 提供能量。设开关管 VT 处于断态的时间为 t_{off}，则在此期间电感 L 释放的能量为 $(U_o-E)I_1t_{off}$。当电路工作于稳态时，一个周期 T 中电感 L 积蓄的能量与释放的能量相等，即

$$EI_1t_{on} = (U_o-E)I_1t_{off}$$

化简得
$$U_o = (t_{on}+t_{off})E/t_{off} = TE/t_{off}$$

式中，$T/t_{off} \geq 1$，输出电压高于电源电压，故称该电路为升压斩波电路。

升压斩波电路使输出电压高于电源电压，有两个原因：一是 L 储能之后具有使电压泵升的作用，二是电容 C 可将输出电压保持住。在以上分析中，认为开关管 VT 处于通态期间因电容 C 的作用而使输出电压 U_o 不变，但实际上电容值不可能为无穷大，在此阶段其向负载放电，U_o 必然会有所下降，故实际输出电压会略低，不过，在电容值足够大时，误差很小，基本可以忽略。

5. 实验电路的组成及实验方法

（1）实验电路的组成

实验电路主要由 PWM 波形发生器、光电隔离、功率开关器件、电源及负载组成。实验电路如附图 4-8 所示。

（2）实验方法

1）打开系统总电源，将主电源输出电压转换开关置于 3 挡，即主电源相电压输出设定为 220 V。调试单相多功能 PWM 发生器，调试方法参考 3.4 节实验部分。

2）将单相多功能 PWM 发生器的模式开关 S_1 向下拨，波形发生器设定为 PWM 工作模式；调节电位器 R_{P3}，使三角波发生器的输出频率为 5 kHz。

3）模式开关 S_2 向上拨（占空比在 1%~45% 内可调），调节脉宽控制电位器 R_{P2} 将占空比设定为最小值。

4）按照附图 4-8 接线，只接电阻负载。

5）依次闭合控制电路、主电路，监测负载电阻两端的波形，缓慢调节脉宽控制电位器 RP_2，逐渐增大占空比，观察并记录占空比不同时负载两端电压、电流波形的变化情况，并将输出电压填入表 4-9 中，分析电路工作原理。

表 4-9 升压斩波电路测试

占空比 D	10%	20%	30%	40%	45%
输出电压 U_o					

6）断开电源，将负载更改为电阻电感，然后重复电阻负载时的实验步骤，实验完毕，依次关闭系统主电路、控制电路以及系统总电源。

6. 实验报告

1）通过实验分析升压斩波电路的工作特性及工作原理。

2）整理记录实验波形，画出不同负载下的 $U_o=f(D)$ 的关系曲线。

3）分析讨论实验中出现的各种现象。

4.2.1.3 升降压斩波电路研究

1. 实验目的

1）掌握升降压斩波电路的基本组成和工作原理。

2）掌握升降压斩波电路的工作特性。

2. 实验内容

1）研究升降压斩波电路的工作特性。

2）研究不同负载对电路工作状态的影响。

3. 实验设备与仪器

1）直流斩波电路、光电隔离驱动电路。

2）单相多功能 PWM 发生器。

3）交直流电源及单相同步信号电源。

4）电阻负载、电容及电感负载。

5）双踪示波器、数字万用表等测试仪器。

4. 实验原理

升降压斩波电路（Boost-Buck 斩波电路）如图 4-21 所示。设电路中电感值和电容值都很大，使电感电流 i_L 和电容电压（即负载电压）u_o 基本为恒值。

升降压斩波电路的基本工作原理是当可控开关管 VT 处于通态时，电源经开关管 VT 向电感 L 供电使其储存能量，此时电流为 i_1，电流方向如图 4-21 所示。同时，电容 C 维持输出电压基本恒定并向负载 R 供电。此后，使开关管 VT 关断，电感 L 中储存的能量向负载 R

释放，电流为 i_2，电流方向如图 4-21 所示。可见，负载电压与电源电压极性相反，与前面介绍的降压斩波电路和升压斩波电路的情况正好相反，因此该电路又称反极性斩波电路。稳态时，一个周期 T 内电感 L 两端 u_L 对时间的积分为零，即

$$\int_0^T u_L \mathrm{d}t = 0$$

当 VT 处于通态时，$u_L = E$；而当 VT 处于断态时，$u_L = u_o$。于是

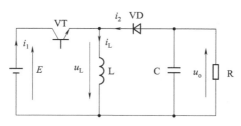

图 4-21 升降压斩波电路

$$Et_{on} = U_o t_{off}$$

所以输出电压为

$$U_o = t_{on} E / t_{off} = t_{on} E / (T - t_{on}) = DE/(1-D)$$

若改变导通比 D，则输出电压既可以比电源电压高，也可以比电源电压低。当 $0 < D < 1/2$ 时为降压，当 $1/2 < D < 1$ 时为升压，因此该电路称为升降压斩波电路。

5. 实验电路的组成及实验方法

（1）电路的组成

实验电路主要由单相多功能 PWM 波形发生器、光电隔离、功率开关、电源及负载组成。实验电路如附图 4-9 所示。

（2）实验方法

1）打开系统总电源，将主电源输出电压转换开关置于 3 挡，即主电源相电压输出设定为 220 V。调试单相多功能 PWM 发生器，调试方法参考 3.4 节实验部分。

2）将单相多功能 PWM 发生器的模式开关 S_1 向下拨，波形发生器设定为 PWM 工作模式；调节电位器 R_{P3}，使三角波发生器的输出频率为 5 kHz。

3）模式开关 S_2 向上拨，占空比在 1%～90% 内可调，调节 PWM 电位器 R_{P2} 将占空比设定为最小值。

4）按照附图 4-9 接线，只接电阻负载。

5）依次闭合控制电路、主电路；用示波器监测负载电阻两端的波形，缓慢调节 PWM 电位器 R_{P2}，逐渐增大占空比，观察并记录占空比不同时负载两端电压、电流波形的变化情况，并将输出电压填入表 4-10 中，分析电路工作原理。

表 4-10 升降压斩波电路测试

占空比 D	20%	40%	50%	60%	80%
输出电压 U_o					

6）断开电源，将负载更改为电阻电感，然后重复电阻负载时的实验步骤，实验完毕，依次关闭系统主电路、控制电路以及系统总电源。

6. 实验报告

1）通过实验分析升降压斩波电路的工作特性及工作原理。
2）整理记录的实验波形。
3）分析讨论实验中出现的各种现象。

4.2.1.4 Cuk 斩波电路研究

1. 实验目的

1）掌握 Cuk 斩波电路的基本组成和工作原理。
2）掌握 Cuk 斩波电路的工作特性。

2. 实验内容

1）研究 Cuk 斩波电路的工作特性。
2）研究负载不同对电路工作状态的影响。

3. 实验设备与仪器

1）直流斩波电路、光电隔离驱动电路。
2）单相多功能 PWM 发生器。
3）交直流电源及单相同步信号电源。
4）电阻负载、电容及电感负载。
5）双踪示波器、数字万用表等测试仪器。

4. 实验原理

Cuk 斩波电路及其等效电路如图 4-22 所示。当开关管 VT 处于通态时，E-L_1-VT 回路和 R-L_2-C-VT 回路分别流过电流。当 VT 处于断态时，E-L_1-C-VD 回路和 R-L_2-VD 回路分别流过电流。输出电压的极性与电源电压极性相反。Cuk 斩波电路的等效电路如图 4-22（b）所示，相当于开关 S 在 A、B 两点之间交替切换。

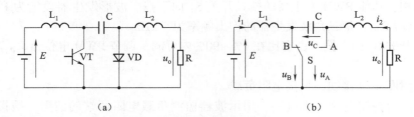

图 4-22 Cuk 斩波电路及其等效电路
(a) Cuk 斩波电路；(b) Cuk 斩波电路的等效电路

在 Cuk 斩波电路中，稳态时电容 C 的电流在一个周期内的平均值应为零，也就是其对时间的积分为零，即

$$\int_0^T i_C \mathrm{d}t = 0$$

在图 4-22（b）所示的等效电路中，开关 S 切换到 B 点的时间即 VT 处于通态的时间

t_{on}，则电容电流和时间的乘积为 $I_2 t_{on}$。开关 S 切换到 A 点的时间为 VT 处于断态的时间 t_{off}，则电容电流和时间的乘积为 $I_1 t_{off}$。由此可得

$$I_2 t_{on} = I_1 t_{off}$$

从而可得
$$I_2/I_1 = t_{off}/t_{on} = (T - t_{on})/t_{on} = (1-D)/D$$

当电容值很大使电容电压 u_C 的脉动足够小时，输出电压 U_o 与输入电压 E 的关系可用以下方法求出。

当开关 S 切换到 B 点时，B 点电压 $u_B = 0$，A 点电压 $u_A = -u_C$；而当 S 切换到 A 点时，$u_B = u_C$，$u_A = 0$。因此，B 点电压 u_B 的平均值为 $U_B = t_{off} U_C / T$（U_C 为电容电压 u_C 的平均值），又因电感 L_1 的电压平均值为零，所以 $E = U_B = t_{off} U_C / T$。另外，A 点的电压平均值为 $U_A = t_{on} U_C / T$，且 L_2 的电压平均值为零，按图 4-22（b）中输出电压 U_o 的极性，有 $U_o = t_{on} U_C / T$。于是可得出输出电压 U_o 与电源电压 E 的关系为

$$U_o = t_{on} E / t_{off} = t_{on} E / (T - t_{on}) = DE/(1-D)$$

这一输入输出关系与升降压斩波电路时的情况相同。

与升降压斩波电路相比，Cuk 斩波电路有一个明显的优点，其输入电源电流和输出负载电流都是连续的，且脉动很小，有利于对输入、输出进行滤波。

5. 实验电路的组成及实验方法

(1) 电路的组成

实验电路主要由 PWM 波形发生器、光电隔离、功率开关、电源及负载组成。实验电路如附图 4-10 所示。

(2) 实验方法

1) 打开系统总电源，将主电源输出电压转换开关置于 3 挡，即主电源相电压输出设定为 220 V。调试单相多功能 PWM 发生器，调试方法参考 3.4 节实验部分。

2) 将单相多功能 PWM 发生器的模式开关 S_1 向下拨，波形发生器设定为 PWM 工作模式；调节电位器 R_{P3}，使三角波发生器的输出频率为 5 kHz。

3) 模式开关 S_2 向上拨，占空比在 1%~45% 内可调，调节 PWM 电位器 R_{P2} 将占空比设定为最小值。

4) 按照附图 4-10 接线，只接电阻负载。

5) 依次闭合控制电路、主电路，监测负载电阻两端的波形，缓慢调节 PWM 电位器 R_{P2} 逐渐增大占空比，观察并记录占空比不同时负载两端电压、电流波形的变化情况，并将输出电压填入表 4-11 中，分析电路工作原理。

表 4-11 Cuk 斩波电路测试

占空比 D	10%	20%	30%	40%	45%
输出电压 U_o					

6) 断开电源，将负载更改为电阻电感，然后重复电阻负载时的实验步骤，实验完毕，依次关闭系统主电路、控制电路以及系统总电源。

6. 实验报告

1) 通过实验分析 Cuk 斩波电路的工作特性及工作原理。

2) 整理记录实验波形。
3) 分析讨论实验中出现的各种现象。

4.2.2 Zeta、Sepic 斩波电路研究

1. 实验目的

1) 掌握 Zeta、Sepic 斩波电路的基本组成和工作原理。
2) 掌握 Zeta、Sepic 斩波电路的工作特性。

2. 实验内容

1) 研究 Zeta、Sepic 斩波电路的工作特性。
2) 研究不同负载对电路工作状态的影响。

3. 实验设备与仪器

1) 直流斩波电路、光电隔离驱动电路。
2) 单相多功能 PWM 发生器。
3) 交直流电源及单相同步信号电源。
4) 电阻负载、电容及电感负载。
5) 双踪示波器、数字万用表等测试仪器。

4. 实验原理

Zeta 斩波电路如图 4-23 所示，基本工作原理是当 VT 处于通态时，电源 E 经开关 VT 向电感 L_1 储能。同时，E 和 C_1 共同向负载 R 供电，并向 C_2 充电，待 VT 关断后，L_1 经 VD 向 C_1 充电，其储存的能量转移至 C_1。同时，C_2 向负载供电，L_2 的电流则经 VD 续流。

Zeta 斩波电路的输入/输出关系为

$$U_o = DE/(1-D)$$

Sepic 斩波电路如图 4-24 所示，基本工作原理如下。当 VT 处于通态时，E-L_1-VT 回路和 C_1-VT-L_2 回路同时导电，L_1 和 L_2 储能。VT 处于断态时，E-L_1-VD-负载（C_2 和 R）回路及 L_2-VD-负载回路同时导电，此阶段 E 和 L_1 既向负载供电，同时也向 C_1 充电，C_1 储存的能量在 VT 处于通态时向 L_2 转移。

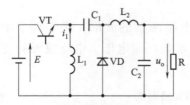 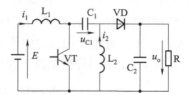

图 4-23 Zeta 斩波电路　　　　图 4-24 Sepic 斩波电路

Sepic 斩波电路的输入输出关系由计算可得

$$U_o = t_{on}E/t_{off} = t_{on}E/(T-t_{on}) = DE/(1-D)$$

上述两种电路具有相同的输入输出关系。Sepic 斩波电路中，电源电流连续但负载电流是脉冲波形，有利于输入滤波；而 Zeta 斩波电路的电源电流是脉冲波形而负载电流连续。

5. 实验电路的组成及实验方法

(1) 电路的组成

实验电路主要由 PWM 波形发生器、光电隔离、功率开关、电源及负载组成。实验电路如附图 4-11、附图 4-12 所示。

(2) 实验方法

1) 打开系统总电源，将主电源输出电压转换开关置于 3 挡，即主电源相电压输出设定为 220 V。调试单相多功能 PWM 发生器，调试方法参考 3.4 节实验部分。

2) 将单相多功能 PWM 发生器的模式开关 S_1 向下拨，波形发生器设定为 PWM 工作模式；调节电位器 R_{P3}，使三角波发生器的输出频率为 5 kHz。

3) 模式开关 S_2 向上拨，占空比在 1%～45% 内可调，调节 PWM 电位器 R_{P2} 将占空比设定为最小值。

4) 按照附图 4-11 接线，只接电阻负载。

5) 依次闭合控制电路、主电路；用示波器监测负载电阻两端的波形，缓慢调节 PWM 电位器 R_{P2}，逐渐增大占空比，观察并记录占空比不同时负载两端电压、电流波形的变化情况，并将输出电压填入表 4-12 中，分析电路工作原理。

表 4-12 Zeta 电路测试

占空比 D	10%	20%	30%	40%	45%
输出电压 U_o					

6) 断开电源，按照附图 4-12 接线，只接电阻负载；重复以上实验步骤，进行 Sepic 变换电路测试，实验完毕，依次关闭系统主电路、控制电路以及系统总电源。

6. 实验报告

1) 通过实验分析 Zeta、Sepic 斩波电路的工作特性及工作原理。

2) 整理记录的实验波形。

3) 分析讨论实验中出现的各种现象。

4.2.3 隔离型 DC-DC 变换电路研究

1. 实验目的

1) 掌握正激隔离型与反激隔离型 DC-DC 变换电路的基本组成和工作原理。

2) 掌握两种隔离型 DC-DC 变换电路的工作特性。

2. 实验内容

1) 研究正激隔离型 DC-DC 变换电路的工作特性。

2) 研究反激隔离型 DC-DC 变换电路的工作特性。

3. 实验设备与仪器

1) 隔离型 DC-DC 变换电路、光电隔离驱动电路。

2) 单相多功能 PWM 发生器。

3) 交直流电源及单相同步信号电源。

4) 电阻负载。

5)双踪示波器、数字万用表等测试仪器。
4. 实验原理

在 DC-DC 变换器中引入隔离变压器,可使变换器的输入电源与负载之间实现电气隔离,提高变换器运行的安全可靠性和电磁兼容性。同时,选择适当的变压器变比还可匹配电源电压 U_i 与负载所需的输出电压 U_o,即使 U_i 与 U_o 相差很大,仍能保证 DC-DC 变换器的占空比数值适中而不至于接近 0 或 1。

(1) 正激电路 (forward circuit)

正激电路包含多种不同的拓扑,典型的单开关正激电路原理如图 4-25 所示。

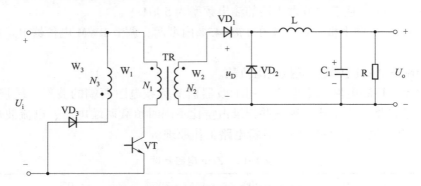

图 4-25 典型的单开关正激电路原理

电路的工作过程为开关管 VT 导通后,变压器绕组 W_1 两端的电压为上正下负,与其耦合的 W_2 绕组两端的电压也是上正下负,因此 VD_1 处于通态,VD_2 为断态,电感 L 的电流逐渐增长。开关管 VT 截止后,电感 L 通过 VD_2 续流,VD_1 关断。变压器的励磁电流经 W_3 绕组和 VD_3 流回电源,所以开关管 VT 截止后承受的电压为

$$u_V = \left(1 + \frac{N_1}{N_3}\right) U_i$$

开关管 VT 导通后,变压器的激磁电流由零开始,随着时间的增加而线性地增长,直到 VT 截止。这将导致变压器的激磁电感饱和,必须设法使激磁电流在 VT 截止后到下一次再导通的时间内降回零,这一过程称为变压器的磁芯复位。磁芯复位过程各物理量的变化如图 4-26 所示。

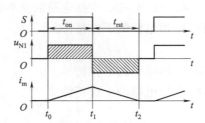

图 4-26 磁芯复位过程各物理量的变化

在正激电路中,变压器绕组 W_3 和二极管 VD_3 组成复位电路,下面简单分析其工作原理。

开关管 VT 截止后，变压器励磁电流通过绕组 W_3 和二极管 VD_3 流回电源，并逐渐线性地下降为零。从开关管 VT 截止到绕组的电流下降到零所需时间为

$$t_{rst} = \frac{N_3}{N_1} t_{on}$$

VT 处于断态的时间必须大于 t_{rst}，以保证 VT 下次导通前励磁电流能够降为零，使变压器磁芯可靠复位。

当输出滤波电感电流连续时，即开关管 VT 导通时电感 L 的电流不为零，输出电压与输入电压的比为

$$\frac{U_o}{U_i} = \frac{N_2}{N_1} \frac{t_{on}}{T}$$

当输出电感电流不连续时，在负载为零的极限情况下，输出电压为

$$U_o = \frac{N_2}{N_1} U_i$$

正激电路适用的输出功率范围较大（数瓦至数千瓦），广泛应用在通信电源等电路中。

(2) 反激电路（flyback circuit）

反激电路原理如图 4-27 所示。

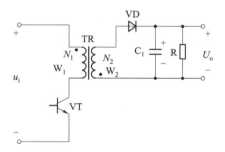

图 4-27 反激电路原理

同正激电路不同，反激电路中的变压器起着储能元件的作用，可以看作是一对相互耦合的电感。

开关管 VT 导通后，VD 处于断态，W_1 绕组的电流线性增长，电感储能增加。开关管 VT 截止后，W_1 绕组的电流被切断，变压器中的磁场能量通过 W_2 绕组和 VD 向输出端释放，开关管 VT 截止后，电压为

$$u = U_i + \frac{N_1}{N_2} U_o$$

反激电路可以工作在电流断续和电流连续两种模式。

当开关管 VT 导通时，W_2 绕组中的电流尚未下降到零，此时工作于电流连续模式，输出输入电压关系为

$$\frac{U_o}{U_i} = \frac{N_2}{N_1} \frac{t_{on}}{t_{off}}$$

开关管 VT 导通前，W_2 绕组中的电流已经下降到零，此时工作于电流断续模式，输出

电压高于计算值,在负载为零的极限情况下,$U_o \to \infty$,这将损坏电路中的元件,所以应该避免负载开路状态。

反激电路已经广泛应用于几百瓦以下的计算机电源等小功率 DC-DC 变换电路。反激电路的缺点是磁芯磁场直流成分大,为防止磁芯饱和,磁芯磁路气隙制作得较大,磁芯体积相对较大。

5. 实验电路的组成及实验方法

(1) 电路的组成

实验电路主要由 PWM 波形发生器、光电隔离、隔离型 DC-DC 变换电路、电源及负载组成。正激电路与反激电路都用到隔离型 DC-DC 变换电路,只是接线有所不同,如附图 4-13 (a)、附图 4-13 (b) 所示。

(2) 实验方法

1) 打开系统总电源,将主电源输出电压转换开关置于 3 挡,即主电源相电压输出设定为 220 V。调试单相多功能 PWM 发生器,调试方法参考 3.4 节实验部分。

2) 将单相多功能 PWM 发生器的模式开关 S_1 向下拨,波形发生器设定为 PWM 工作模式;调节电位器 R_{P3},使三角波发生器的输出频率为 30 kHz。

3) 模式开关 S_2 向下拨,占空比在 1%~45% 内可调,调节 PWM 电位器 R_{P2} 将占空比设定为最小值。

4) 按照附图 4-13 (a) 接线,只接电阻负载。

5) 依次闭合控制电路、主电路;用示波器监测负载电阻两端的波形,缓慢调节 PWM 电位器 R_{P2},逐渐增大占空比,观察并记录占空比不同时负载两端电压、电流波形的变化情况,并将输出电压填入表 4-13 中,分析电路工作原理。

表 4-13 正激隔离型 DC-DC 变换电路测试

占空比 D	10%	20%	30%	40%	45%
输出电压 U_o					

6) 断开电源,按照附图 4-13 (b) 接线,只接电阻负载,重复上述实验步骤,进行反激电路测试,实验完毕,依次关闭系统主电路、控制电路以及系统总电源。

6. 实验报告

1) 通过实验分析正激隔离型 DC-DC 变换电路的工作特性及工作原理。
2) 通过实验分析反激隔离型 DC-DC 变换电路的工作特性及工作原理。
3) 整理记录的实验波形。
4) 分析讨论实验中出现的各种现象。

4.2.4 单相桥式全控 DC-DC 变换电路研究

1. 实验目的

1) 掌握单相桥式全控 DC-DC 变换电路的基本组成和工作原理。
2) 掌握单相桥式全控 DC-DC 变换电路的工作特性。

2. 实验内容

1) 研究单相桥式全控 DC-DC 变换电路工作特性。

2）测试单相桥式全控 DC-DC 变换电路工作波形。

3. 实验设备与仪器

1）单相多功能 PWM 发生器。

2）交直流电源及单相同步信号电源、电容及电感负载。

3）光电隔离驱动电路、单相桥式全控电路。

4）电阻负载。

5）双踪示波器、数字万用表等测试仪器。

4. 实验原理

单相桥式全控 DC-DC 变换电路原理如图 4-28 所示。

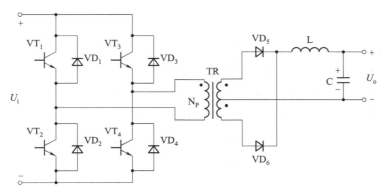

图 4-28　单相桥式全控 DC-DC 变换电路原理

单相桥式全控电路中的逆变电路由四个开关管组成，开关管 VT_1、VT_4 的驱动信号同相，开关管 VT_2、VT_3 的驱动信号同相，VT_1、VT_4 的驱动信号与 VT_2、VT_3 的驱动信号交替控制两组开关管导通与关断，即可利用变压器将电源能量传递到二次侧。变压器二次侧电压经整流二极管整流，LC 滤波后即得直流输出电压。控制开关管的占空比即可控制输出电压的大小。

由于正负半波控制脉冲宽度难以做到绝对相同，同时开关器件特性难以完全一致，从而电路工作时流过变压器一次侧的电流正负半波难以完全对称，在变压器一次侧产生很大的直流分量，造成磁路饱和，因此单相桥式全控电路应注意避免电压直流分量的产生，可在一次侧回路串联一个电容，以阻断直流电流。

为避免同一侧半桥中上下两开关管同时导通，每个开关管的占空比不能超过 50%，应留有余量。

滤波电感电流连续时，有

$$\frac{U_o}{U_i} = \frac{N_2}{N_1} \cdot \frac{t_{on}}{T}$$

输出电感电流不连续，输出电压 U_o 随负载减小而升高，在负载为零的极限情况下

$$U_o = \frac{N_2}{N_1} U_i$$

单相桥式全控电路常适用于大、中功率的开关电源。

5. 实验电路的组成及实验方法

(1) 实验电路的组成

实验电路主要由单相 PWM 波形发生器、光电隔离驱动电路、功率开关（MOSFET）组成的单相桥式全控电路、直流电源及负载组成，实验电路如附图 4-14 所示。

(2) 实验方法

1) 打开系统总电源，将主电源输出电压转换开关置于 3 挡，即主电源相电压输出设定为 220 V。调试单相多功能 PWM 发生器，调试方法参考 3.4 节实验部分。

2) 将单相多功能 PWM 发生器的模式开关 S_1 向下拨，波形发生器设定为 PWM 工作模式；调节电位器 R_{P3}，使三角波发生器的输出频率为 5 kHz。

3) 模式开关 S_2 向上拨，占空比在 1%~90% 内可调，调节 PWM 电位器 R_{P2} 将占空比设定为最小值。

4) 按照附图 4-14 接线，只接电阻负载。

5) 依次闭合控制电路、主电路；用示波器监测负载电阻两端的波形，缓慢调节脉宽控制电位器 R_{P2}，逐渐减小占空比，观察并记录占空比不同时负载两端电压、电流波形的变化情况，并将输出电压填入表 4-14 中，分析电路工作原理。

表 4-14 单相桥式全控 DC-DC 变换电路测试

占空比 D	10%	30%	50%	70%	90%
输出电压 U_o					

6) 断开电源，将负载更改为电阻电感，然后重复上述实验步骤，实验完毕，依次关闭系统主电路、控制电路以及系统总电源。

6. 实验报告

1) 通过实验分析单相桥式全控 DC-DC 变换电路的工作特性及工作原理。

2) 整理记录的实验波形。

3) 分析讨论实验中出现的各种现象。

4.2.5 应用案例：电动汽车

电动汽车的许多控制电机，是靠变频器和斩波器驱动并控制的，其中关键核心技术是驱动控制芯片 IGBT。对于电动汽车而言，IGBT 直接控制驱动系统直、交流电的转换，决定了车辆的扭矩和最大输出功率等，其芯片与动力电池电芯并称为电动车的"双芯"，成为影响电动车性能的关键技术。但由于其高技术含量，中国 IGBT 市场，尤其是核心技术 IGBT 芯片的设计及制造一直被国外大厂垄断，其成本也是相当高昂，占到了电动车整车成本的 5% 左右。可以说，能否掌握 IGBT 这一核心技术几乎等同于能否在手机和电脑制造业拥有研发 CPU 的能力。

2018 年，比亚迪在宁波正式发布了在车规级领域具有标杆性意义的 IGBT4.0 技术。目前比亚迪已经发展出一条完备的 IGBT 产业链，包括 IGBT 芯片设计和制造、模组设计和制造、大功率器件测试应用平台等，实现了 IGBT 技术的全面自主可控。比亚迪在 IGBT 技术上不断创新，已经进入 IGBT6.0 时代，产品性能和可靠性不断提升。

4.3 DC-AC 变换

4.3.1 单相 SPWM 电压型逆变电路研究

1. 实验目的
1) 掌握单相 SPWM 电压型逆变电路的基本组成和工作原理。
2) 掌握单相 SPWM 电压型逆变电路的工作特性。
2. 实验内容
1) 研究单相 SPWM 电压型逆变电路的工作特性。
2) 测试单相 SPWM 电压型逆变电路的工作波形。
3. 实验设备与仪器
1) 单相多功能 PWM 发生器。
2) 交直流电源及单相同步信号电源。
3) 光电隔离驱动电路、单相桥式全控电路。
4) 电阻负载、电容及电感负载。
5) 双踪示波器、数字万用表等测试仪器。
4. 实验原理
PWM 技术就是对脉冲的宽度进行调制的技术,即通过对一系列脉冲的宽度进行调制,来等效地获得所需波形(含形状和幅值)的技术。

PWM 技术在逆变电路中的应用最为广泛,对逆变电路的影响也最为深刻,现在大量应用的逆变电路中,绝大部分都是 PWM 逆变电路。

(1) PWM 控制技术的工作原理

PWM 控制技术的重要理论基础是面积等效原理,即冲量相等而形状不同的窄脉冲加在具有惯性的环节上时,其效果基本相同。冲量即窄脉冲的面积。效果基本相同是指环节的输出响应波形基本相同。如果把各输出波形用傅里叶变换分析,则其低频段非常接近,仅在高频段略有差异。

下面分析如何利用一系列等幅不等宽的 PWM 波代替正弦半波。

如图 4-29 所示,将正弦半波看成是由 N 个彼此相连的脉冲宽度为 π/N,但幅值顶部是曲线且大小按正弦规律变化的脉冲序列组成的波。如果把上述脉冲序列利用相同数量的等幅而不等宽的矩形脉冲代替,使矩形脉冲的中点和相应正弦波部分的中点重合,且矩形脉冲和相应的正弦波部分面积(冲量)相等,这就是 PWM 波形。对于正弦波的负半周期,也可以用同样的方法得到 PWM 波形。脉冲宽度按正弦规律变化而和正弦波等效的 PWM 波形,又称 SPWM 波形。

(2) PWM 逆变电路及其控制方法

通过对逆变电路中开关器件的通断进行有规律的控制,使输出端得到等幅但不等宽的脉冲序列,用这些脉冲序列来代替正弦波,通过对脉冲序列的各脉冲宽度进行调制,就可改变逆变电路输出电压的大小和频率,这种电路通常称为 PWM 逆变电路。下面结合具体电路做进一步说明。

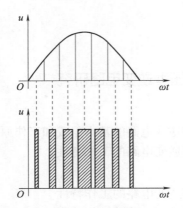

图 4-29 用 PWM 波代替正弦半波

单相桥式 PWM 逆变电路如图 4-30 所示。

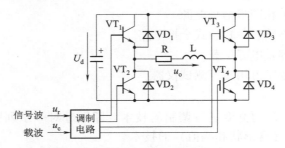

图 4-30 单相桥式 PWM 逆变电路

电路工作过程如下。

工作时 VT_1 和 VT_2、VT_3 和 VT_4 通断互补，如在 u_o 正半周期，VT_1 导通，VT_2 关断，VT_3 和 VT_4 交替通断。负载电流比电压滞后，在电压正半周期，电流有一段区间为正，一段区间为负。在负载电流为正的区间，VT_1 和 VT_4 导通时，$u_o = U_d$。VT_4 关断时，负载电流通过 VT_1 和 VD_3 续流，$u_o = 0$。在负载电流为负的区间，仍为 VT_1 和 VT_4 导通时，因 i_o 为负，故 i_o 实际上从 VD_1 和 VD_4 流过，仍有 $u_o = U_d$。VT_4 关断，VT_3 导通后，i_o 从 VT_3 和 VD_1 续流，$u_o = 0$。u_o 总可以得到 U_d 和零两种电平。在 u_o 的负半周期，让 VT_2 保持通态，VT_1 保持断态，VT_3 和 VT_4 交替通断，负载电压 u_o 可以得到 $-U_d$ 和零两种电平。

如图 4-31 所示，调制信号 u_r 为正弦波，载波 u_c 在 u_r 的正半周期为正极性的三角波，在 u_r 的负半周期为负极性的三角波。在 u_r 的正半周期，VT_1 保持通态，VT_2 保持断态。当 $u_r > u_c$ 时使 VT_4 导通，VT_3 关断，$u_o = U_d$。当 $u_r < u_c$ 时使 VT_4 关断，VT_3 导通，$u_o = 0$。在 u_r 的负半周期，VT_1 保持断态，VT_2 保持通态。当 $u_r < u_c$ 时使 VT_3 导通，VT_4 关断，$u_o = -U_d$。当 $u_r > u_c$ 时使 VT_3 关断，VT_4 导通，$u_o = 0$。

这样就得到了 SPWM 波形 u_o，图 4-31 中的虚线 u_{of} 表示 u_o 中的基波分量。像 u_r 这种在的半个周期内三角波载波只在正极性或负极性一种极性范围内变化，所得到的 PWM 波形也只在单个极性范围变化的控制方式称为单极性 PWM 控制方式。

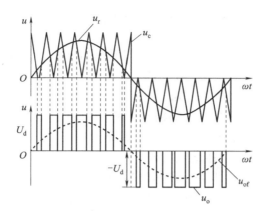

图 4-31 单极性 PWM 控制方式原理波形

和单极性 PWM 控制方式相对应的是双极性控制方式。图 4-30 的单相桥式 PWM 逆变电路在双极性控制时的波形如图 4-32 所示。

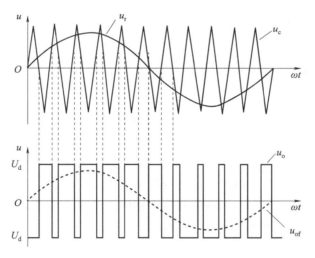

图 4-32 双极性 PWM 控制方式原理波形

采用双极性方式时，在 u_r 的半个周期内，三角波载波有正有负，所得的 PWM 波也有正有负，在 u_r 的一个周期内，输出的 PWM 波只有 $\pm U_d$ 两种电平。在 u_r 的正负半周期，仍然在调制信号 u_r 和载波信号 u_c 的交点时刻控制各开关器件的通断。当 $u_r>u_c$ 时，VT_1 和 VT_4 导通，VT_2 和 VT_3 关断，若 $i_o>0$，则 VT_1 和 VT_4 导通，若 $i_o<0$，则 VD_1 和 VD_4 导通，两种情况均是 $u_o=U_d$。当 $u_r<u_c$ 时，VT_2 和 VT_3 导通，VT_1 和 VT_4 关断，若 $i_o<0$，则 VT_2 和 VT_3 导通，若 $i_o>0$，则 VD_2 和 VD_3 导通，两种情况均是 $u_o=-U_d$。

综上所述，单相桥式全控电路既可采取单极性调制，也可采用双极性调制，由于对开关器件通断控制的规律不同，它们的输出波形也有较大差别。

5. 实验电路的组成及实验方法

(1) 实验电路的组成

实验电路主要由单相 SPWM 波形发生器、光电隔离驱动电路、功率开关（MOSFET）、直流电源及负载组成的单相桥式全控电路组成如附图 4-15 所示。

(2) 实验方法

1) 打开系统总电源，将主电源输出电压转换开关置于 3 挡，即主电源相电压输出设定为 220 V。调试单相多功能 PWM 发生器，调试方法参考 3.4 节实验部分。

2) 将单相多功能 PWM 发生器的模式开关 S_1 向上拨，波形发生器设定为 SPWM 工作模式；调节电位器 R_{P3}，使三角波发生器的输出频率为 1 kHz。

3) 调节正弦波给定电位器 R_{P1}，使正弦波频率为 0。

4) 按照附图 4-15 接线，只接电阻负载。

5) 依次闭合控制电路、主电路，用示波器监测负载电阻两端的波形，缓慢调节 R_{P1}，逐渐增大频率，观察并记录负载电压波形的变化情况，分析电路工作原理。

6) 断开电源，将负载更改为电阻电感，然后重复上述实验步骤，实验完毕，依次关闭系统主电路、控制电路以及系统总电源。

6. 实验报告

1) 通过实验分析单相 SPWM 逆变电路的工作特性。

2) 整理并分析有关实验波形，分析实验结果。

3) 分析讨论实验中出现的各种现象。

4.3.2　三相 SPWM 逆变电路研究

1. 实验目的

1) 掌握基本型、改进型三相 SPWM 逆变电路的基本组成和工作原理。

2) 掌握基本型、改进型三相 SPWM 逆变电路的工作特性。

2. 实验内容

1) 研究基本型、改进型三相 SPWM 逆变电路的工作特性。

2) 测试基本型、改进型三相 SPWM 逆变电路的工作波形。

3) 测试电动机在不同频率下的运转情况。

3. 实验设备与仪器

1) 三相脉宽控制器。

2) 电阻负载、三相异步电动机、光电编码器机组。

3) 主控电机接口电路。

4) 给定电路积分器、转速变换电路。

5) IPM 主电路。

6) 双踪示波器、数字万用表等测试仪器。

4. 实验原理

图 4-33 是三相 SPWM 逆变电路，这种电路都采用双极性控制方式。U、V 和 W 三相的 PWM 控制通常共用一个三角波载波 u_c，三相的调制信号 u_{rU}、u_{rV} 和 u_{rW} 依次相差 120°。

U、V 和 W 各相功率开关器件的控制规律相同，现以 U 相为例来说明。当 $u_{rU}>u_c$ 时，上桥臂 VT_1 导通，下桥臂 VT_4 关断，则 U 相相对于直流电源假想中点 N′ 的输出电压 $u_{UN'} = U_d/2$。当 $u_{rU}<u_c$ 时，VT_4 导通，VT_1 关断，则 $u_{UN'} = -U_d/2$。VT_1 和 VT_4 的驱动信号始终是

互补的。当给 VT_1（VT_4）加导通信号时，阻感负载中电流的方向决定 VT_1（VT_4）导通或二极管 VD_1（VD_4）续流导通。V 相和 W 相的控制方式都和 U 相相同，电路的波形如图 4-34 所示，可以看出，$u_{UN'}$、$u_{VN'}$ 和 $u_{WN'}$ 的 PWM 波形都只有 $\pm U_d/2$ 两种电平。

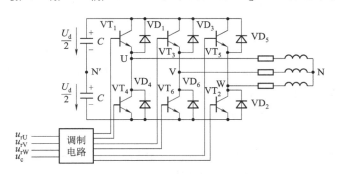

图 4-33 三相 SPWM 逆变电路

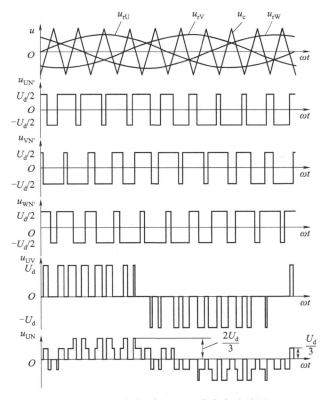

图 4-34 三相桥式 PWM 逆变电路波形

从图 4-34 中可以看出，当上桥臂 VT_1 和下桥臂 VT_6 导通时，$u_{UV} = U_d$。当上桥臂 VT_3 和下桥臂 VT_4 导通时，$u_{UV} = -U_d$。当上桥臂 VT_1 和上桥臂 VT_3 或下桥臂 VT_4 和下桥臂 VT_6 导通时，$u_{UV} = 0$。因此，逆变器的输出线电压 PWM 波由 $+U_d$、$-U_d$ 和 "0" 三种电平构成。

负载相电压 u_{UN} 可计算如下，即

$$u_{UN} = u_{UN'} - \frac{u_{UN'} + u_{VN'} + u_{WN'}}{3}$$

从波形图可以看出，负载相电压的 PWM 波由 $\frac{2}{3}U_d$、$-\frac{2}{3}U_d$、$\frac{1}{3}U_d$、$-\frac{1}{3}U_d$ 和 "0" 共 5 种电平组成。

为了防止上下两个桥臂直接导通造成短路，在上下两桥臂通断切换时要留一小段上下桥臂都施加关断信号的死区时间。死区时间的长短主要由功率开关器件的关断时间来决定。这个死区时间将会影响输出的 PWM 波形，使其稍稍偏离正弦波。

5. 实验电路的组成及实验方法

（1）实验电路的组成

实验电路主要由给定电路、三相 SPWM、光电隔离驱动电路及 IPM、直流电源及负载组成。改进型 SPWM 主电路部分与基本型是相同的，只是控制电路有所区别。基本型采用正弦波作为调制信号，改进型则是在原有正弦波的基础上，注入三次谐波作为调制信号，使直流电压的利用率提高，使输出电压无低次谐波。实验电路如附图 4-16（a）、附图 4-16（b）所示。

（2）基本型三相 SPWM 逆变电路的工作特性

1）打开系统总电源，将主电源输出电压转移开关置于 1 挡，即主电源相电压输出设定为 220 V。调试三相 SPWM，调试方法参考 3.5 节实验部分。

2）将三相 SPWM 的模式信号插孔 TYPE 与信号地短接，此时三相 SPWM 被设置为基本三相 SPWM 工作模式。

3）调节给定电路积分器的正给定电位器 R_{P1}，使输出电压为 0。

4）缓慢调节给定电压信号，用示波器观察 6 路脉冲占空比的变化规律，并测量死区时间。

5）断开电源，按照附图 4-16（a）接线，U_{kv} 和 U_{kf} 短接，只接电阻负载。

6）依次闭合控制电路、主电路；用示波器监测负载电阻两端的波形，缓慢调节 R_{P1} 增大输出给定电压，观察并记录负载电压波形的变化情况，分析电路工作原理。

7）断开电源，将负载更改为电阻电感，然后重复上述实验步骤，实验完毕，依次关闭系统主电路、控制电路。

（3）改进型三相 SPWM 逆变电路的工作特性

1）按附图 4-16（b）完成实验接线。

2）将三相 SPWM 的模式信号插孔 TYPE 接高电平（+12 V），此时三相 SPWM 被设置为改进型三相 SPWM 工作模式。

3）调节给定及给定积分器的正给定电位器 R_{P1}，使输出电压为 0 V。

4）依次闭合控制电路、主电路；用示波器监测负载电阻两端的波形，缓慢调节 R_{P1}，逐渐增大给定电压，观察并记录负载电压波形的变化情况，分析电路工作原理。

5）断开电源，将负载更改为电阻电感，然后重复上述实验步骤，实验完毕，依次关闭系统主电路、控制电路。

6. 实验报告

1）通过实验分析三相 SPWM 逆变电路的工作特性及工作原理。

2）整理并分析实验波形。
3）简述 SPWM 逆变电路的优缺点。
4）简述本次实验总结与体会。

4.3.3 三相有源逆变电路研究

1. 实验目的
1）掌握三相有源逆变电路的基本组成和工作原理。
2）掌握三相有源逆变电路的工作特性。

2. 实验内容
1）研究三相有源逆变电路的工作特性。
2）测试三相有源逆变电路的工作波形。

3. 实验设备与仪器
1）三相锯齿波移相触发器。
2）主控"同步变压器"（同步信号）。
3）电阻负载。
4）给定电路积分器。
5）晶闸管主电路。
6）IPM 主电路。
7）双踪示波器、数字万用表等测试仪器。

4. 实验原理
三相有源逆变电路的主电路结构有多种形式，实验采用全桥拓扑形式，这种主电路结构与三相全控整流电路是相同的，只是能量的传递方向不同，三相有源逆变电路是将与其导通方向一致的直流电逆变成与电网频率相同的交流电并送回到交流电网。此类电路主要应用于直流电动机可逆调速系统、交流电动机串级调速和高压直流输电等方面。

5. 实验电路的组成及实验方法
（1）实验电路的组成
实验电路主要由三相晶闸管逆变桥、直流电源、三相锯齿波触发器、三相逆变变压器及扼流电抗器组成。实验电路如附图 4-17 所示。

（2）实验方法
1）打开系统总电源，将主电源输出电压转移开关置于 1 挡，即主电源相电压输出设定为 52 V。
2）调节给定电路积分器的正给定电位器 R_{P1}，将三相锯齿波移相触发器的触发脉冲相位限定于 $30°<\beta<90°$，负载电阻设置为最大值。
3）按附图 4-17 完成实验接线。
4）依次闭合控制电路电源开关，主电路电源开关；监测负载电阻两端的波形，缓慢调节 R_{P1}，逐渐改变给定电压 U_{ct}，观察并记录 $\alpha=90°$、$\alpha=120°$、$\alpha=150°$ 负载电压 U_d 的值及波形的变化情况，并将测试数据填入表 4-15 中，分析电路工作原理。

表 4-15　三相有源逆变电路带电阻负载测试数据

$\alpha/(°)$	30	60	90	120	150
U_{ct}/V					
$U_{d计算值}/V$					
$U_{d测试值}/V$					

5）实验完毕依次断开系统主电路、控制电路及系统总电源。

6. 实验报告

1）通过实验分析三相有源逆变电路的工作特性及工作原理。
2）整理并分析实验波形。
3）分析三相有源逆变电路满足的条件。
4）简述本次实验总结与体会。

4.3.4　应用案例：高铁动车组

在广袤的中国大地上，高铁动车组如银色的巨龙穿梭其间，它们以惊人的速度划破长空，背后隐藏的是一场电能转换的奇迹。高铁动车组电能的转换是将接触网上 2.5 万伏的高压交流电，经过降压、整流、逆变等方式，转换成可以调频调压的三相交流电，输入三相电动机，从而获得牵引整列高速动车组前进的牵引力。

"复兴号"，这一承载着中华民族伟大复兴梦想的高速动车组，其二百五十四项重要标准中，中国标准占到了 84%。牵引变流器是"复兴号"的心脏，一台牵引变流器，有 1 152 个 IGBT 芯片。这种能让高铁平稳运行的芯片，三十多年来，一直被少数制造强国垄断。2014 年，中国取得突破。这条 IGBT 生产线，每年能制造十二万个芯片，他们不止用于高铁，还用于智能电网，航空航天，新能源等领域。

4.4　AC-AC 变换

4.4.1　单相交流调压电路

1. 实验目的

1）掌握单相交流调压电路的基本组成和工作原理。
2）掌握单相交流调压电路的工作特性。

2. 实验内容

1）研究单相交流调压电路的工作特性。
2）测试单相交流调压电路的工作波形。

3. 实验设备与仪器

1）脉冲变压器，晶闸管桥式半控、全控电路。
2）单相锯齿波移相触发电路。
3）交直流电源及单相同步信号电源。

4）电阻负载、电容及电感负载。
5）双踪示波器、数字万用表等测试仪器。

4. 实验原理

单相交流调压电路采用移相控制,即在电压的每个周期中控制晶闸管的导通时刻,以达到控制输出电压的目的。下面以阻性负载为例介绍其工作原理。

单相交流调压电路如图 4-35（a）所示,采用两个反并联的晶闸管或一个双向晶闸管与负载电阻 R 串联组成。以反并联电路为例进行分析,在交流电源 u_2 的正半周期和负半周期,分别对 VT_1 和 VT_2 的控制角 α 进行控制就可以调节输出电压。单相交流调压电路波形如图 4-35（b）所示。

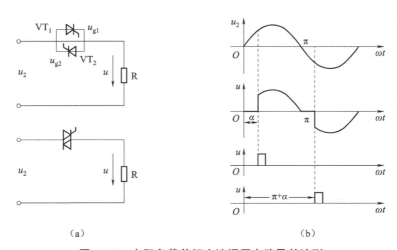

图 4-35 电阻负载单相交流调压电路及其波形
(a) 单相交流调压电路；(b) 单相交流调压电路波形

负载上交流电压有效值 U 与控制角 α 的关系为

$$U = \sqrt{\frac{1}{\pi}\int_\alpha^\pi (\sqrt{2}U_2\sin\omega t)^2 d(\omega t)} = U_2\sqrt{\frac{1}{2\pi}\sin 2\alpha + \frac{\pi-\alpha}{\pi}}$$

流过负载的电流有效值

$$I = \frac{U}{R}$$

输入电路功率因数

$$\cos\phi = \frac{P}{S} = \frac{UI}{U_2 I} = \sqrt{\frac{1}{2\pi}\sin 2\alpha + \frac{\pi-\alpha}{\pi}}$$

电路的移相范围为 $0 \sim \pi$。

5. 实验电路的组成及实验方法

(1) 实验电路的组成

实验电路主要由双向晶闸管（以两个反并联单向晶闸管替代）、交流电源、单相锯齿波移相触发器、脉冲变压器以及负载组成。实验电路如附图 4-18 所示。

(2) 实验方法

1) 打开系统总电源,将主电源输出电压转换开关置于 3 挡,即将主电源相电压输出设定为 220 V。

2) 按附图 4-18 完成实验接线。

3) 调节单相锯齿波移相触发电路的移相控制电位器 R_{P1} 使脉冲控制角最大;经指导教师检查接线无误后,可上电开始实验。依次闭合控制电路电源开关,最后闭合主电路。

4) 缓慢调节 R_{P1},逐渐减小脉冲控制角,观察并记录 $\alpha=60°$、$\alpha=90°$、$\alpha=120°$时负载电阻两端电压波形的变化情况,分析电路工作原理。

5) 将电阻负载串联接入电感负载,重复以上步骤,分析在感性负载下电路的工作情况。实验完毕,依次断开系统主电路电源开关、控制电路以及系统总电源。

6. 实验报告

1) 通过实验分析单相交流调压电路的工作特性及工作原理。

2) 分析不同负载性质对电路的输出波形的影响。

3) 观察并记录不同工作状态下的输出电压波形。

4) 简述本次实验总结与体会。

4.4.2 三相交流调压电路

1. 实验目的

1) 掌握三相交流调压电路的基本组成和工作原理。

2) 掌握三相交流调压电路的工作特性。

3) 掌握三相交流调压电路的应用。

2. 实验内容

1) 研究三相交流调压电路的工作特性。

2) 测试三相交流调压电路的工作波形。

3) 测试三相交流调压电路在异步电动机负载下的工作过程。

3. 实验设备与仪器

1) 三相锯齿波移相触发器。

2) 同步变压器。

3) 给定电路积分器。

4) 晶闸管主电路。

5) 电阻负载。

6) 三相异步电动机、光电编码器机组。

7) 双踪示波器、数字万用表等测试仪器。

4. 实验原理

三个单相交流调压电路可构成三相交流调压电路。三相交流调压电路的连接形式繁多,根据三相连接形式的不同命名不同,常见的三相交流调压电路如图 4-36 所示。

星形连接电路如图 4-36(a)所示,它由 3 个单相晶闸管交流调压器组合而成,其公共点为三相调压器中线,每相可以作为一个单相调压器单独分析,其工作原理和波形与单相交流调压相同。这种电路可分为三相三线和三相四线两种情况。

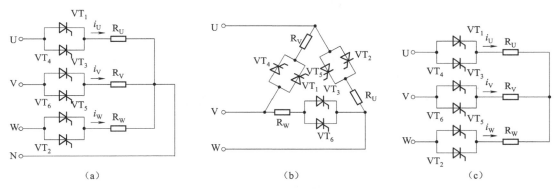

图 4-36 常见的三相交流调压电路
(a) 星形连接电路；(b) 支路控制的三角形连接电路；(c) 中点控制的三角形连接电路

三线四相相当于三个单相交流调压电路的组合，三相相差 120° 相位角工作。基波和 3 倍次以外的谐波在三相之间流动，不流过零线，3 的整数倍次谐波是同相位的，不能在各相之间流动，全部流过零线。当 $\alpha=90°$ 时，零线电流和各相电流的有效值接近。

下面分析三相三线带电阻负载时的工作原理，任一相导通必须和另一相构成回路，因此电流通路中至少有两个晶闸管同时导通，应采用双脉冲或宽脉冲触发。触发脉冲顺序和三相桥式全控整流电路一样，为 $VT_1 \sim VT_6$，晶闸管之间相位依次相差 60°。

把相电压过零点定为触发延迟角 α 的起点，三相三线电路中，两相间导通依靠线电压，而线电压超前相电压 30°，因此，α 角的移相范围是 0°～150°。

根据任一时刻导通晶闸管个数以及半个周波内电流是否连续可将 0°～150° 的移相范围分为如下三段。

1) 0°≤α<60° 范围内，电路处于三个晶闸管导通与两个晶闸管导通的交替状态，每个晶闸管导通角度为 180°-α，但 α=0° 时是一种特殊情况，这种情况下一直是三个晶闸管导通。

2) 60°≤α<90° 范围内，任一时刻都是两个晶闸管导通，每个晶闸管的导通角度为 120°。

3) 90°≤α<150° 范围内，电路处于两个晶闸管导通与无晶闸管导通的交替状态，每个晶闸管导通角度为 300°-2α，而且这个导通角度被分割为不连续的两部分，在半周波内形成两个断续的波头，各占 150°-α。

图 4-37 所示为 α 分别为 30°、60° 和 120° 时 α 相负载上的电压波形及晶闸管导通区间示意，依次作为三段移相范围的典型示例。对于电阻负载，负载电流波形和负载电压波形一致。

5. 实验电路的组成及实验方法

(1) 实验电路的组成

实验电路主要由三相晶闸管桥电路、三相交流电源、三相锯齿波移相触发器、脉冲变压器以及负载组成。实验电路如附图 4-19 所示。

(2) 三相交流调压电路的测试

1) 打开系统总电源，系统工作模式设置为"高级应用"。将主电源输出电压转移开关置于 1 挡，即主电源相电压输出设定为 52 V。

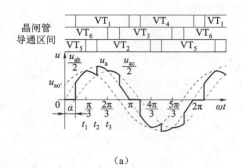
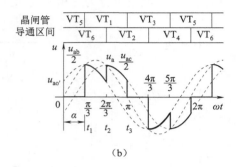

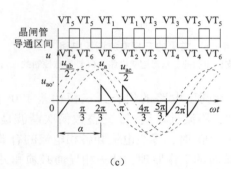

图 4-37 不同 α 角时负载相电压波形及晶闸管导通区间示意

(a) α=30°；(b) α=60°；(c) α=120°

2）按附图 4-19 完成实验接线。

3）将给定电路积分器的极性开关和阶跃开关都向上拨，调节正给定电位器 R_{P1} 使输出电压为 0 V；闭合控制电路电源开关，将三相锯齿波移相触发器输出脉冲的相位整定在同步信号的 180°过零点处，之后闭合主电路。

4）缓慢调节给定电位器 R_{P1}，逐渐增大给定电压，观察并记录 α=0°、α=30°、α=60°、α=90°、α=120°、α=150°时的输出电压波形，并在表 4-16 记录相应的输出电压有效值 U，分析电路工作原理。实验完毕，依次断开系统主电路、控制电路。

表 4-16 三相交流调压电路带电阻负载测试数据

α/(°)	0	30	60	90	120	150
U 记录值						
输出电压 u 波形						
输出电流 i 波形						

6. 实验报告

1）通过实验分析三相交流调压电路的工作特性及工作原理。
2）分析不同性质负载对电路的输出波形的影响。
3）观察并记录不同工作状态下的输出电压波形。
4）简述本次实验总结与体会。

4.4.3 单相斩控式交流调压电路

1. 实验目的
1) 掌握由自关断器件实现交流调压电路的基本方法。
2) 掌握单相斩控式交流调压电路的基本组成和工作特性。
2. 实验内容
1) 研究单相斩控式交流调压电路的工作特性。
2) 测试单相斩控式交流调压电路的工作波形。
3. 实验设备与仪器
1) 单相多功能 PWM 发生器。
2) 交直流电源及单相同步信号电源。
3) 光电隔离驱动电路、单相桥式全控电路。
4) 电阻负载、电容及电感负载。
5) 双踪示波器、数字万用表等测试仪器。
4. 实验原理

单相斩控式交流调压电路如图 4-38 所示，图中 VT_1、VT_2、VD_1、VD_2 构成一个双向可控开关，其工作原理和直流斩波电路类似，只是直流斩波电路的输入电压是直流电压，而单相斩控式交流调压电路的输入电压是正弦交流电压。

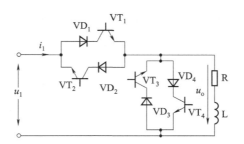

图 4-38 单相斩控式交流调压电路

用 VT_1、VT_2 进行斩波控制，用 VT_3、VT_4 给负载电流提供续流通道。该通道在交流电源的正半周期 VT_1 得到有效脉冲时导通，为负载供电，VT_1 关断期间，VT_3 导通为负载续流；而在电源的负半周期，VT_2 为负载供电，VT_4 为负载续流。通过调节驱动信号的占空比调节交流电压有效值，从而实现交流电压的调节。电路中的二极管 $VD_1 \sim VD_4$ 用来阻断开关管的并联续流。设斩波器件（VT_1、VT_2）导通时间为 t_{on}，开关周期为 T，则导通比 $D = t_{on}/T$，和直流斩波电路一样，单相斩控式交流调压电路也可以通过改变 D 来调节输出电压。

电阻负载单相斩控式交流调压电路波形如图 4-39 所示，可以看出电源电流的基波分量 i_1 是和电源电压 u_1 同相位的，即位移因数为 1，电源电流中不含低次谐波，只含和开关周期 T 有关的高次谐波，这些高次谐波用很小的滤波器即可滤除，这时电路的功率因数接近 1。

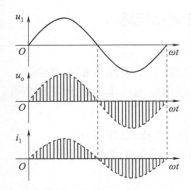

图 4-39　电阻负载单相斩控式交流调压电路波形

5. 实验电路的组成及实验方法

（1）实验电路的组成

实验电路主要由自关断器件组成的调压主电路、单相交流电源、PWM 波形发生器、光电隔离驱动电路以及负载组成。单相斩控式交流调压电路如附图 4-20 所示。

（2）实验方法

1) 打开系统总电源，将主电源输出电压转换开关置于 3 挡，即主电源相电压输出设定为 220 V。

2) 按图 4-20 完成实验接线。

3) 将单相多功能 PWM 发生器的开关 S_1 向下拨；调节电位器 R_{P3}，使三角波发生器的输出频率为 5 kHz；模式开关 S_2 向上拨，占空比在 1%~90% 内可调，调节给定电位器 R_{P2} 将占空比设定为最小值。

4) 依次闭合控制电路、主电路，缓慢调节给定电位器 R_{P2}，观察并记录每相负载电压波形的变化情况，分析电路工作原理。实验完毕，依次断开系统主电路、控制电路以及系统总电源。

6. 实验报告

1) 结合实验，分析单相斩控式交流调压电路的组成原理和工作特性。

2) 观察并记录不同工作状态下的输出电压波形。

3) 简述实验总结与体会。

4.4.4　单相交流调功电路

1. 实验目的

1) 掌握单相交流调功电路的基本组成和工作原理。

2) 掌握单相交流调功电路的工作特性。

2. 实验内容

1) 研究单相交流调功电路的工作特性。

2) 测试单相交流调功电路的工作波形。

3. 实验设备与仪器

1) 脉冲变压器单元，晶闸管桥式半控、全控电路。

2）单相多功能 PWM 波形发生电路。

3）交直流电源及单相同步信号电源。

4）电阻负载、电容及电感负载。

5）双踪示波器、数字万用表等测试仪器。

4. 实验原理

单相交流调功电路以交流电源周期数为单位进行控制。其主电路形式与单相交流调压电路没有区别，只是控制方式不同。电路不是在交流电源的每个周期内对输出电压波形进行控制，而是让电流几个周期通过负载，几个周期断开，周而复始，通过改变接通周期数与断开周期数的比值来调节负载所消耗的平均功率。正因为电路直接控制输出的平均功率，故此种电路称为单相交流调功电路。这种控制方式主要应用于时间常数大，无须频繁控制的场合，比如电炉调温等交流功率调节的场合。

5. 实验电路的组成及实验方法

（1）实验电路的组成

实验电路主要由双向晶闸管（以反并联单向晶闸管替代）、单相交流电源、可调同步脉冲列发生器、脉冲变压器以及负载组成。实验电路如附图 4-21 所示。

（2）实验方法

1）打开系统总电源，将主电源输出电压转换开关置于 3 挡，即主电源相电压输出设定为 220 V。

2）按附图 4-21 完成实验接线。

3）将单相多功能 PWM 波形发生电路模式开关 S_1 向下拨；调节 PWM 电位器 R_{P2}，将占空比设定为 10%；导通时间控制电位器 R_{P4} 逆时针旋到头。

4）依次闭合控制电路、主电路，缓慢调节电位器 R_{P4}，观察并记录负载两端电压波形的变化情况，分析电路工作原理。实验完毕，依次断开系统主电路电源开关、控制电路以及系统总电源。

6. 实验报告

1）通过实验分析单相交流调功电路的工作特性及工作原理。

2）分析不同负载性质对电路的输出波形的影响。

3）观察并记录不同工作状态下的输出电压波形。

4）简述本次实验总结与体会。

4.4.5　应用案例：变频空调

变频空调作为现代制冷技术的杰出代表，其背后蕴含着深厚的科技创新力量。变频空调的核心在于其变频器，这个变频控制器是如何工作的呢？国内规定的电压 220 V，频率 50 Hz 的电流经整流滤波后得到 310 V 左右的直流电，此直流电经过逆变后，就可以得到用以控制压缩机运转的变频电源，这就能将 50 Hz 的电网频率转变为 30~130 Hz，变频器能够对压缩机转速进行精确控制，从而实现对制冷量的灵活调节。这一技术的突破，使得空调能够根据室内外温度差异自动调节工作状态，避免了传统空调频繁启停带来的能耗损失和温度波动。

变频空调在节能与环保方面取得了显著成就。通过精确控制压缩机的转速和制冷量，变频空调能够大幅度降低能耗，相比传统空调节能效果可达 30%以上。这不仅有助于减少家庭和商业场所的电费支出，更对全球节能减排事业做出了积极贡献。因此，变频空调作为现代制冷技术的杰出代表，其背后蕴含着深厚的科技创新力量。从基础的技术原理到实际的应用效果，再到对整个行业的影响，变频空调都无不体现着科技进步对人类生活品质的显著提升。

4.5 软开关变换技术

4.5.1 零电压开关 PWM 电路的研究

1. 实验目的
1）掌握零电压开关 PWM 电路的基本组成和工作原理。
2）掌握零电压开关 PWM 电路的工作特性。
2. 实验内容
1）研究零电压开关 PWM 电路的工作特性。
2）测试零电压开关 PWM 电路的工作波形。
3. 实验设备与仪器
1）单相多功能 PWM 发生器。
2）软开关变换电路。
3）交直流电源及单相同步信号电源。
4）电阻负载、电容及电感负载。
5）双踪示波器、数字万用表等测试仪器。
4. 实验原理

零电压开关（ZVS）PWM 电路是一种常用的软开关电路，具有电路简单、效率高等优点，广泛应用于功率因数校正（power factor correction，PFC）电路、DC-DC 变换器、斩波器等。

本实验采用了降压型 ZVS PWM 电路，其原理如图 4-40 所示，由输入电源 U_i、主开关管 VT（包括与其反并联的二极管 VD_r）、续流二极管 VD、滤波电感 L、滤波电容 C、负载电阻 R、谐振电感 L_r、谐振电容 C_r 和辅助开关管 VT_1（包括与其串联的二极管 VD_1）构成。

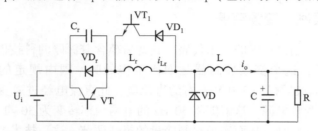

图 4-40 降压型 ZVS PWM 电路原理

降压型 ZVS PWM 电路工作波形如图 4-41 所示。分析时，假设电感很大，可以忽略其中电流的波动；电容也很大，输出电压的波动也可以忽略，除此之外还可忽略元器件与线路中的损耗。

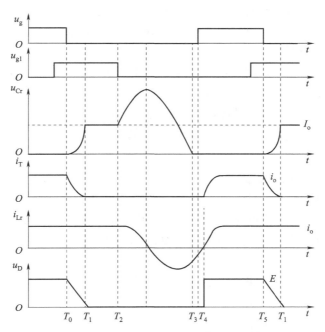

图 4-41　降压型 ZVS PWM 电路工作波形

若 $t<T_0$ 时，主开关管 VT 导通，给辅助开关管 VT_1 驱动信号。续流二极管 VD 截止，$i_{Lr}=i_L=i_o$，$u_{Cr}=0$。在一个开关周期 T_S 中，该电路有 5 种开关状态。

（1）开关状态 1

$T_0<t<T_1$，电容 C_r 充电阶段。$t=T_0$ 时，$u_{Cr}=0$，关断 VT，VT 零电压关断，电流 i_{Lr} 立即从 VT 转移到谐振电容 C_r，给 C_r 充电。由于 $i_{Lr}=i_L=i_o$ 恒定，$u_{Cr}<u_i$ 时，续流二极管 VD 仍处于反偏截止，直到 $t=T_1$，C_r 充电到 $u_{Cr}=u_i$，续流二极管 VD 导通。

（2）开关状态 2

$T_1<t<T_2$，自然续流阶段。由于续流二极管 VD 导通，谐振电感的电流 i_{Lr} 经 VT_1、VD_1 续流，该阶段时间可以通过改变辅助开关 VT_1 的关断时刻 T_2 控制，因此可以控制谐振开始时刻，也就是可以控制 VT 导通时间，因此可以控制占空比，实施 PWM 控制的目的。

（3）开关状态 3

$T_2<t<T_3$，谐振阶段。在 $t=T_2$ 时，使辅助开关管 VT_1 关断，C_r、L_r 产生谐振。在 VT_1 关断前，由于 $u_{Cr}=u_D$，所以谐振电感上的电压很小，VT_1 为零电压关断。在谐振期间，u_{Cr} 达到最大值，$u_{Cr}=u_D+i_o Z_r$，此后电容 C_r 放电，u_{Cr} 下降，到 $t=T_3$ 时，$u_{Cr}=0$。从 u_{Cr} 达到最大值至 T_3 期间，i_{Lr} 为负值。

（4）开关状态 4

$T_3<t<T_4$，电感充电阶段。负电流 i_{Lr} 经二极管 VD、VD_r 向电源 U_i 回馈能量。由于导通的 VD_r 与主开关管 VT 并联，在此期间使 VT 导通，则 VT 将在零电压下导通。VT 导通后，负电流 i_{Lr} 迅速反向过零增大，到 $t=T_4$ 时，$i_{Lr}=i_o$。续流二极管 VD 的电流 $i_D=i_o-i_{Lr}$，从 i_o 减小到零而自然关断。

(5) 开关状态 5

$T_4<t<T_5$，电源 U_i 恒流供电阶段。$t=T_4$ 时，主开关管 VT 已经导通，VD 截止，电源 U_i 向负载恒流供电。在 $t=T_5$ 时，使 VT 关断。因为 VT 关断时，$u_{T1}=u_{Cr}$ 很小，所以 VT 也是软关断，完成一个开关周期 T_S。

在一个开关周期 $T_0 \sim T_5$ 期间，由图 4-41 可知，辅助开关管 VT_1 关断时刻（$t=T_2$）越早，则经过开关状态 3（谐振阶段）和开关状态 4（电感充电）后剩下的电源 U_i 输入电压供电的时间（开关状态 5）的时间就越长，因而输出电压 u_o 就越高。因此，在固定开关频率 f_S、开关周期 T_S 一定时，控制辅助开关管 VT_1 的关断时刻 T_2，可改变 DC-DC 变换器的占空比和调控输出电压 u_o。

5. 实验电路的组成及实验方法

（1）实验电路的组成

实验电路主要由单相多功能 PWM 波形发生电路、光电隔离驱动电路、ZVS 变换电路 PWM 部分、直流电源及负载组成。实验电路如附图 4-22 所示。

（2）实验方法

1）打开系统总电源，将主电源输出电压转换开关置于 3 挡，即主电源相电压输出设定为 220 V。

2）按附图 4-22 完成实验接线。

3）将单相多功能 PWM 波形发生电路的开关 S_1 向下拨，波形发生器设置为 PWM 工作模式；调节电位器 R_{P3}，使三角波发生器的输出频率为 2 kHz；模式开关 S_2 向上拨，占空比在 1%~90% 内可调，调节 PWM 电位器 R_{P2} 将占空比设定为最小值。

4）依次闭合控制电路、主电路，观测电路工作情况，记录实验波形。完成实验，依次断开主电路、控制电路和总电源。

6. 实验报告

1）通过实验分析 ZVS PWM 电路的工作特性及工作原理。

2）整理并分析实验波形。

3）简述本次实验总结与体会。

4.5.2 零电流开关 PWM 电路的研究

1. 实验目的

1）掌握零电流开关 PWM 电路的基本组成和工作原理。

2）掌握零电流开关 PWM 电路的工作特性。

2. 实验内容

1）研究零电流开关 PWM 电路的工作特性。

2）测试零电流开关 PWM 电路的工作波形。

3. 实验设备与仪器

1）单相多功能 PWM 波形发生电路。

2）软开关变换电路。

3）交直流电源及单相同步信号电源。

4) 电阻负载、电容及电感负载。
5) 双踪示波器、数字万用表等测试仪器。

4. 实验原理

实验中采用降压型零电流开关（ZCS）PWM 电路，其原理如图 4-42 所示。由输入电源 U_i、主开关管 VT（包括与其反并联的二极管 VD_r）、续流二极管 VD、滤波电感 L、滤波电容 C、负载电阻 R、谐振电感 L_r、谐振电容 C_r 和辅助开关管 VT_1（包括与其并联的二极管 VD_1）构成。

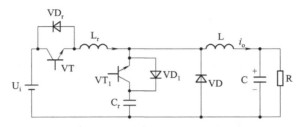

图 4-42 降压型 ZCS PWM 电路原理

降压型 ZCS PWM 电路工作波形如图 4-43 所示，一个开关周期 T_S 中，该电路有 6 种开关状态。在分析中假设所有开关管、二极管均为理想器件；电感、电容均为理想器件；假定电容足够大，电感也足够大，以至在一个开关周期 T_S 中，输出电压 u_o、电流 i_o 不变，这样电感和电容以及负载电阻 R 可以看成一个电流为 i_o 的恒流源。

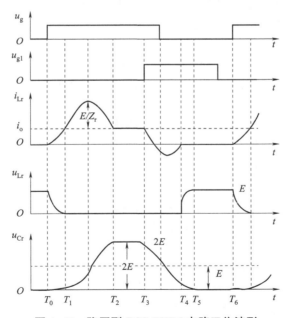

图 4-43 降压型 ZCS PWM 电路工作波形

假设 $t<T_0$ 时，主开关管 VT 和辅助开关管 VT_1 都截止，续流二极管 VD 导通，$i_D=i_o$，谐振电容 C_r 上的电压 $u_{Cr}=0$。在 $t=T_0$ 时对 T_1 施加驱动信号，作为一个开关周期 T_S 的

开始。

(1) 开关状态1

$T_0<t<T_1$，T_1 建立电流，电感充磁阶段。$t=T_0$ 时，使 VT 导通，$i_{T1}=i_{Lr}$ 线性上升至 i_o。由于 $i_D=i_L-i_o$，i_D 慢慢下降到零，$t=T_1$ 时，VD 截止。在 VT 导通时，由于串联谐振电感，电流为零，谐振电感 L_r 上的电压 $u_{Lr}=u_i$，则 VT 为软导通。

(2) 开关状态2

$T_1<t<T_2$，谐振阶段1。在 VD 截止后，L_r、C_r 产生谐振，谐振回路为输入电源 U_i、主开关管 VT、谐振电感 L_r、二极管 VD_2、谐振电容 C_r，$i_{Lr}>i_o$，经过半个谐振周期后到 $t=T_2$ 时刻，$i_{Lr}=i_o$，$u_{Cr}=2u_i$（此时 u_{Cr} 为最大值）。

(3) 开关状态3

$T_2<t<T_3$，电源恒流供电阶段。$t=T_2$ 时，VD_1 的电流 $i_{D1}=i_{Lr}-i_o=0$ 而自然关断，电源对负载供电，$i_{Lr}=i_L=i_o$。

(4) 开关状态4

$T_3<t<T_4$，谐振阶段2。$t=T_3$ 时，$i_{Lr}=i_L=i_o$，$u_{Cr}=2u_i$。VT_1 导通，C_r 处于放电状态，L_r、C_r 将继续谐振。谐振电感电流 i_{Lr} 由正方向谐振衰减，负载电流由 i_{Cr} 提供。i_{Lr} 到零之后，VD_r 导通，i_{Lr} 通过 VD_r，继续反方向谐振，并将能量回馈给输入电压 u_i。在 $t=T_4$ 时刻，电感电流 i_{Lr} 由反方向谐振衰减到零。显然，在 i_{Lr} 反方向运行期间，主开关管 VT 可以在零电压、零电流下完成关断过程。

(5) 开关状态5

$T_4<t<T_5$，电容 C_r 经 VT_1 对负载放电置零。在此期间，VT 已关断，VD 仍截止，C_r 经 VT_1 对负载放电，到 $t=T_5$ 时，$u_{Cr}=0$。

(6) 开关状态6

$T_5<t<T_6$，VD 续流阶段。$t=T_5$ 时，$u_{Cr}=0$，续流二极管 VD 立即导通，$i_D=i_o$，$t>T_5$ 后，使 VT_1 关断，则 VT_1 在零电流下完成关断。$t=T_6$ 时，使主开关管 VT 导通，开始下一个开关周期。

ZCS PWM 变换器具有主开关管零电流关断的优点。同时，通过控制辅助开关管的导通时刻控制谐振时刻，因此可像常规 PWM 那样恒频调节输出电压。

5. 实验电路的组成及实验方法

(1) 实验电路的组成

实验电路主要由 PWM 波形发生器、光电隔离驱动电路、ZCS 变换电路 PWM 部分、直流电源及负载组成。实验电路如附图 4-23 所示。

(2) 实验方法

1) 打开系统总电源，将主电源输出电压转换开关置于 3 挡，即主电源相电压输出设定为 220 V。

2) 按附图 4-23 完成实验接线。

3) 将单相多功能 PWM 发生器单元的开关 S_1 向下拨，波形发生器设置为 PWM 工作模式；调节电位器 R_{P3}，使三角波发生器的输出频率为 2 kHz；模式开关 S_2 向上拨，占空比在 1%~90% 内可调，调节 PWM 电位器 R_{P2} 将占空比设定为最小值。

4) 依次闭合控制电路、主电路，观测电路工作情况，记录实验波形。完成实验，依次断开主电路、控制电路和总电源。

6. 实验报告

1）通过实验分析降压型 ZCS PWM 电路的工作特性及工作原理。

2）整理并分析实验波形。

3）简述本次实验总结与体会。

第5章

电力电子技术综合实验

5.1 半桥开关稳压电路的研究

1. 实验目的
1) 掌握半桥开关稳压电路的结构和工作原理。
2) 了解芯片 SG3525 控制方式和工作原理。
2. 实验内容
研究半桥开关稳压电路的工作特性。
3. 实验设备与仪器
1) 半桥开关稳压电路。
2) 交直流电源及单相同步信号电源。
3) 电容及电感负载、电阻负载。
4) 双踪示波器、数字万用表等测试仪器。
4. 实验原理
(1) 半桥开关稳压电路

半桥开关稳压电路如图 5-1 所示，C_1、C_2 为滤波电容，VD_1、VD_2 为 VT_1、VT_2 的续流二极管，VD_3、VD_4 为整流二极管，LC 为输出滤波电路。

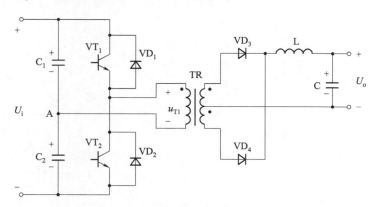

图 5-1 半桥开关稳压电路

电路工作原理如下。
由于电容 C_1、C_2 的容量相同，中点 A 的电位为 $U_i/2$。

开关管 VT_1 导通、VT_2 关断时，电源及 C_1 上储能经变压器传递到二次侧，二极管 VD_3 导通，此时电源经 VT_1、变压器向 C_2 充电，C_2 储能增加；而开关管 VT_2 导通、VT_1 关断时，电源及 C_2 上储能经变压器传递到二次侧，二极管 VD_4 导通，此时电源经 VT_2、变压器向 C_1 充电，C_1 储能增加。

VT_1 与 VT_2 关断时承受的峰值电压均为 U_i。VT_1 与 VT_2 交替导通与关断，使变压器一次侧形成幅值为 $U_i/2$ 的交流电压。变压器二次侧电压经 VD_3 及 VD_4 整流、LC 滤波后即得直流输出电压。改变开关的占空比，就可改变二次侧整流电压的平均值，即改变了输出电压的大小。

由于电容的隔直作用，半桥开关稳压电路对于两个开关导通时间不对称造成的变压器一次侧电压的直流分量有自动平衡作用，因此该电路不容易发生变压器偏磁和直流磁饱和的问题。为了避免上下两开关在换相过程中同时导通造成短路损坏开关，每个开关各自的占空比不能超过 50%，并应留有余量。

半桥开关稳压电路中变压器的利用率高，没有偏磁，可以广泛用于数百瓦至数千瓦的开关电源中。

（2）芯片 SG3525

芯片 SG3525 是 SGS-Thomson 公司生产的采用电压模式控制的集成 PWM 控制器，下面简单介绍该集成电路各组成部分的简单原理，其主要性能指标如表 5-1 所示，内部结构如图 5-2 所示。

表 5-1 芯片 SG3525 主要性能指标

项目	性能指标
最大电源电压/V	40
驱动输出峰值电流/mA	500
最高工作频率/kHz	500
基准源电压/V	5.1
基准源温度稳定性/($mV \cdot ℃^{-1}$)	0.3
误差放大开环增益/dB	75
误差放大器单位增益带宽/MHz	2
误差放大器输入失调电压/mV	2
封锁阈值电压/V	0.4
启动电压/V	8
待机电流/mA	14

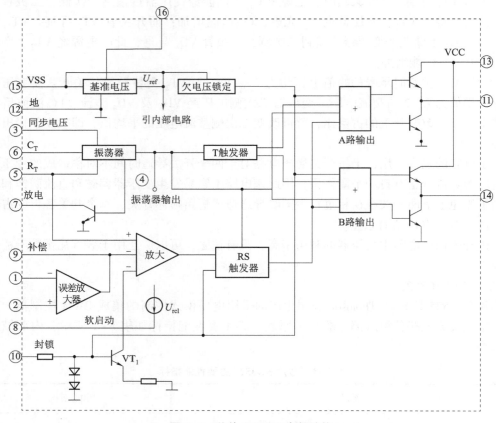

图 5-2 芯片 SG3525 内部结构

1)芯片 SG3525 采用精度为 ±1% 的 5.1 V 带隙基准源,具有很高的温度稳定性和较低的噪声等级,能提供 1~20 mA 的电流,可以作为电路中电压和电流的给定基准。

2)振荡器的振荡频率由外接的电阻 R_T 阻值和电容 C_T 电量决定,而外接电容同时还决定死区时间的长短。

3)芯片 SG3525 采用电压模式控制方法。从图 5-2 可以看出,振荡器输出的时钟信号触发 RS 触发器,形成 PWM 信号的上升沿,使主电路的开关器件导通。误差放大器(EA)的输出信号同振荡器输出的三角波信号相比较,当三角波的瞬时值高于 EA 的输出时,PWM 比较器翻转,触发 RS 触发器翻转,形成 PWM 信号的下降沿,使主电路开关器件关断。RS 触发器输出的 PWM 信号的占空比为 0%~100%,考虑到死区时间的存在,最大占空比通常为 90%~95%。

4)T 触发器的作用是分频器,将 RS 触发器的输出分频,得到占空比为 50%、频率为振荡器频率 1/2 的方波。将 T 触发器输出的这样两路互补的方波同 RS 触发器输出 PWM 信号进行或运算,就可以得到两路互补的占空比分别为 0%~50% 的 PWM 信号,考虑到死区时间的存在,最大占空比通常为 45%~47.5%。这样的 PWM 信号适用于半桥、全桥和推挽等结构双端电路的控制。

5)驱动电路结构为推挽结构的跟随电路,其输出峰值电流可达 500 mA,可以直接驱动主电路的开关器件。

6) 欠电压保护电路的作用是对集成 PWM 控制器进行电源监控。电路初上电时，当电源电压低于启动电压（典型值约为 8 V）时，欠电压保护电路封锁 PWM 信号的输出，输出端 A 和 B 为低电平。只有当电源电压大于启动电压后，经过一次软启动过程，芯片 SG3525 的内部电路才开始工作，输出端才有 PWM 信号输出。在工作过程中，如果电源电压跌落至保护阈值（典型值为 7 V）以下时，输出 PWM 信号被封锁，避免输出混乱的脉冲信号，以保护主电路开关器件。只有当电源电压再次大于启动电压后，再经过一次软启动过程，芯片 SG3525 的内部电路才重新开始工作，恢复 PWM 信号输出。

7) 封锁电路由引脚 10 的信号控制，一旦有外部信号触发，立即封锁输出脉冲信号，给外部保护电路提供可控的封锁信号。当外部封锁信号撤销后，芯片 SG3525 要再经过一次软启动过程，才重新开始工作。

5. 实验电路的组成及实验方法

（1）实验电路的组成

实验电路比较简单，主要由半桥开关稳压电源和直流电源及负载组成。实验电路如附图 5-1 所示。

（2）实验方法

1) 打开系统总电源，将主电源的输出电压转换开关置于 3 挡，即主电源相电压输出设定为 220 V。

2) 按附图 5-1 完成实验接线。

3) 调节半桥开关稳压电路的给定电位器使给定电压为零，将反馈电位器调至最大，打开总电源开关，依次闭合控制电路、主电路。

4) 缓慢增大给定电压并适当减小反馈量，观测电路中各测试点的波形并做记录。完成实验后，依次关闭主电路、控制电路，最后关闭系统总电源。

注意：不能用示波器同时观测两个 MOSFET 的波形，否则会造成短路，严重损坏实验装置！

6. 实验报告

1) 通过实验分析半桥开关稳压电源工作特性及工作原理。

2) 整理实验中的数据和波形。

3) 简述本次实验总结与体会。

5.2 有源功率因数校正电路的研究

1. 实验目的

1) 掌握有源功率因数校正电路的工作原理。

2) 掌握芯片 UC3854 的控制方式和工作原理。

3) 研究有源功率因数校正电路的设计方法。

2. 实验内容

研究有源功率因数校正电路的工作特性。

3. 实验设备与仪器

1）有源功率因数校正电路。
2）交直流电源及单相同步信号电源。
3）电容及电感负载、电阻负载。
4）双踪示波器、数字万用表等测试仪器。

4. 实验原理

功率因数不为 1 的负载会给电网带来电能质量问题，这类负载对电网的"污染"可以分成谐波电流和基波无功分量两部分，它们共同的危害如下。

1）从电网吸取无功电流，导致电网中流动的功率增加，加大了电网损耗。
2）增加了发电和输变电设备的负担，降低了电网实际传递的有功功率的大小。

谐波电流是非正弦的畸变电流，它对电网的危害更大，会带来以下几方面不良影响。

1）造成电网电压畸变，影响其他设备正常工作。
2）使变压器、发电机、补偿电容等设备损耗增加，温升加大，甚至烧毁。
3）造成中线电流显著增加，导致中线严重发热，甚至引起火灾。
4）引起电网谐振，破坏电网稳定性。
5）造成电网中继电保护主装置误动作。

谐波电流对电网的污染问题已经备受关注，有许多相应的标准出台来限制负载产生的谐波电流。下面介绍单相有源功率因数校正电路。

（1）单相有源功率因数校正电路

含升压功率因数校正器的高频整流器电路如图 5-3（a）所示。主电路由单相桥式不控整流器和 DC-DC 升压变换器组成，主电路中各个功率半导体器件（包括桥式整流器、功率开关管 T、输出二极管 D）可以组成一个功率模块，以缩小尺寸，并缩短连接导线，减小杂散电感。虚线框内为控制电路，包括电压误差放大器 VA、输出指令电压 u_o^*、电流误差放大器 CA、乘法器和驱动器等。鉴定负载需要一个电压为 u_o^* 的直流电压，有源功率因数校正的工作原理如下。

主电路的输出电压 u_o 和给定指令电压 u_o^* 送入一个比例积分（PI）型 VA，VA 输出时各直流量为 K，当实际输出直流电压 u_o 大于指令值 u_o^* 时，$u_o>u_o^*$，K 减小；当 $u_o<u_o^*$ 时，K 增大；当 $u_o=u_o^*$，K 保持不变。将二极管整流电压 u_{dc} 检测值和 VA 的输出电压信号 K 共同加到乘法器的输入端，用乘法器的输出 Ku_{dc} 作为电流指令值 i_r，因此电流指令值 i_r（$i_r=Ku_{dc}$）= $K \cdot |u_s|$ 的波形与交流电源电压 $|u_s|$ 相同，即指令电流 i_r 是与交流电源 u_s 同相位的正弦波，而 i_r 的大小则取决于实际电压 u_o 与电压指令值 u_o^* 的误差。将 i_r 与电感电流 i_L 的检测值（$i_L=|i_s|$）一起送入 CA，CA 的输出是开关管的 PWM 驱动信号，经驱动功率放大后再驱动开关器件 T，当 $i_L=|i_s|<i_r$ 时，CA 输出高电位驱动开关管 T 导通，使 $i_L=|i_s|$ 上升，一旦 $i_L=|i_s|$ 上升到 i_r 值后 CA 输出为零，开关管关断，$|i_s|=i_L=i_o$ 下降。驱动信号控制开关 T 的通断，使 $|i_s|=i_L$ 跟踪指令值 i_r，而且输入电流 i_s（电感电流 i_L）的波形与交流电源电压 u_s 的波形相同，电源电流中的谐波大为减少，输入端功率因数接近于 1，同时功率因数校正器中的电压闭环反馈控制系统又能保持输出电压 u_o 恒定为指令电压值 u_o^*。

图 5-3（b）给出输入电压 u_s、u_{dc}，电流 i_L 和仅有很小纹波的 i_s 波形。输入电流被高

频 PWM 调制，将原来呈脉冲状的波形调制成接近正弦（含有高频纹波）的波形。在一个开关周期内，当开关 T 导通时，$i_T=0$，$i_s=i_L=i_o$；i_T 为流过开关 T 的电流波形。具有高频纹波的输入电流 $i_s(i_L)$ 经很小的 LC 滤波后即可得到较光滑的正弦波电流，该值为每个开关周期中 i_s 的平均值。

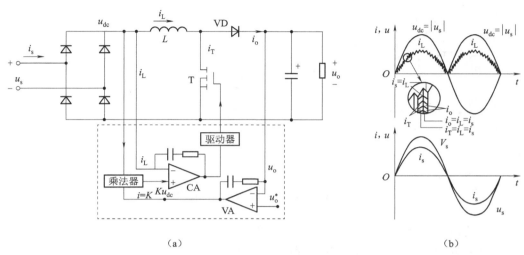

图 5-3　含升压功率因数校正器的高频整流器
(a) 电路；(b) 输入电流波形和输入电压波形

（2）芯片 UC3854

芯片 UC3854 是美国 Unitrode 公司设计生产的功率因数校正专用控制集成电路，其内部结构框图如图 5-4 所示。它包含采用平均电流型功率因子校正控制必须具备的全部功能，主要由 VA、CA、模拟乘法器和定频脉冲宽度调制器组成。此外还包含有与电力 MOSFET 兼容的栅极驱动器、7.5 V 电压基准、总线预测器、加载赋能比较器、欠压检测和过流比较器。芯片 UC3854 采用平均电流型方式实现定频电流控制，故稳定性高，失真小，且无须对电流作斜率补偿就能精确维持总线输入电流的正弦化，其内部基准电压（7.5 V）及内部振荡器的幅度（5.6 V）都比较高，从而提高了抗噪容限。芯片 UC3854 在输入交流电压为 75~275 V，频率为工频 50~400 Hz 的整个范围内均能使用。为了减少偏置电路的功耗，芯片 UC3854 还具有启动电流低的特点。该器件采用引脚 16 双列直插封装（DIP），市场上也有表面封装的产品。

芯片 UC3854 器件的引脚功能如下。

引脚 1 为接"地"端，器件内部的所有电压均以该电压为基准。VCC 和 REF 应采用 0.1 μF 或更大的陶瓷电容直接旁路至该点。定时电容的放电电流也应回到此点，故从振荡器定时电容到"地"的引线应尽可能短。

引脚 2 为峰值限定端，其阈值为 0 V，使用时将其连接到电流传感器电阻的负端，同时再用电阻与内基准相连接将负电流传感信号补偿至"地"电位。

引脚 3 为 CA 的输出端，系对输入总线电流进行传感，并且向脉冲宽度调制器发送电流校正信号的宽带运算放大器的输出。当脉冲宽度调制器需输出占空比 $D=0$ 的调宽脉冲时，该引脚的输出摆幅接近零。

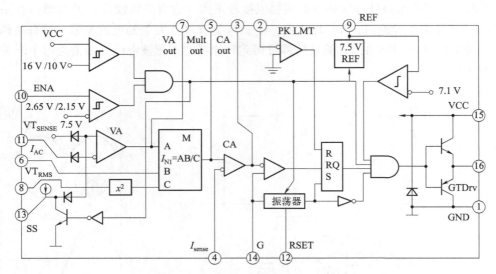

图 5-4　芯片 UC3854 内部结构框图

引脚 4 为电流传感器负端，它是 CA 的负输入端。由于其输入端口对地采用了二极管保护，故在实际使用时该端口的电位应确保高于 −0.5 V。

引脚 5 为乘法器输出和电流传感器正端。应注意的是，该引脚的电位也不能低于 −0.5 V。因为乘法器输出的是电流，该端口的输入阻抗很高，所以电流放大器可作为差分放大器配置以扼制接地噪声。

引脚 6 为交流输入端。该端口的标称电压是 6 V，所以除了需要电阻将引脚 6 经过整流的工频总线相连外，还应采用电阻将该端口与内基准连起来。一般后者的数值应是前者的 1/4，这样线电流的交流失真将最小。

引脚 7 为 VA 的输出。该端口是输出电压调整 VA 的输出，为防止输出过冲，内部限定连接在该输出端的电压约为 5.8 V。当连接在该输出端的电压低于 1 V 时，将会扼制乘法器的输出。

引脚 8 为总线电压有效值端。当该端口与跟输入线电压有效值正比的电压相接时，则可对线电压的变化作出补偿。为良好控制，该端口的电压应限定在 1.5~3.5 V 之间。

引脚 9 为基准电压输出端。内部基准电压可在该端口输出精确的 7.5 V 基准电压和 10 mA 电流。为了提高电路的稳定性，一般将该引脚接一个 0.1 μF 的电容或直接将引脚 9 连接到"地"。

引脚 10 为确定端。该端口系一逻辑输入端口，当其处于高电平（2.5 V）时，PWM 输出，内部基准和振荡器将被确认。该端口还能释放软启动钳位，使软启动端口的电位升高。确认端可作为某种故障状态下关闭电路的一种手段，也可作为开机时提供附加延迟的方法。该端口如不使用，必须通过 100 kΩ 限流电阻与 VCC 相连。

引脚 11 为电压传感器端。该端口系电压放大器的负输入端，一般与反馈网络相接或通过分压网络与功率因子校正变换主回路的输出相连。

引脚 12 为乘法器输出设置端。该端口与地接入不同电阻，将可调节振荡器的充电电流及乘法器的最大输出。乘法器的输出电流则不会超过 3.75 V 除以所接的电阻值。

引脚 13 为软启动端。当器件因某些原因或 VCC 太低而无法正常工作时,引脚 13 维持地电位;VCC 和器件正常情况下,该端口将被内部 14 μA 电流源充电至 8 V 以上。如果引脚 13 的电位低于引脚 9,则引脚 13 起电压放大器基准输入的作用,随着该端口电压的缓慢上升,PWM 的占空比逐渐增大,故障情况下软启动电容将迅速放电,促使 PWM 无输出。

引脚 14 为振荡器定时电容端。该端口接入一电容至"地",则可制定 PWM 的振荡频率。

引脚 15 为正电源端。正常情况下,VCC 应至少能提供 20 mA 电流、端电压不低于 17 V 的正电源。

引脚 16 为外接电力 MOSFET 栅极驱动信号输出端。该端口是 PWM 信号的图腾柱(totem pole)输出端口,若外接 15 V 齐纳钳位二极管,器件可在 VCC 电压高达 35 V 的状态下正常工作。为防止外接电力 MOSFET 栅极的阻抗与该端口内部输出驱动器相互作用,造成输出信号过冲,端口与电力 MOSFET 栅极间至少串联接入 5 Ω 电阻。

5. 实验电路的组成及实验方法

(1) 实验电路的组成

实验电路比较简单,主要由有源功率因数校正电路和直流电源及负载组成。实验电路如附图 5-2 所示。

(2) 实验方法

1) 打开系统总电源,将主电源的输出电压转换开关置于 3 挡,即主电源相电压输出设定为 220 V。

2) 按附图 5-2 完成实验接线。

3) 打开总电源开关,依次闭合控制电路、主电路。对电路的工作性能进行研究。

4) 完成实验后,依次断开主电路、控制电路、系统总电源。

6. 实验报告

1) 分析实验原理。

2) 简述在开关电源中采用有源功率因数校正电路的好处。

5.3 单相 PWM 控制技术的研究

1. 实验目的

1) 了解单相 PWM 发生器(UC3637)的测试与使用方法。

2) 研究单极性、双极性直流 PWM 调压电路的性能、组成、原理特点和波形与给定信号的关系。

2. 实验内容

1) 研究单相 PWM 发生器的测试与使用方法。

2) 研究斩波电路工作原理(负载分别为电阻、阻感及直流电动机)。

3. 实验设备

1) 综合实验台主体(主控箱)及其主控电路、转速变换、电流检测及变换电路、同步变压器等单元。

2）IPM 主电路及单相脉宽控制器。
3）给定电路积分器。
4）直流电动机、光电编码器组。
5）平波电抗器（200 mH）、三相交流电源 55 V（相电压）以及电阻负载。
6）双踪示波器、数字万用表等测试仪器。

4. 实验原理

单相脉宽控制器是 PWM 专为驱动单相逆变桥主回路功率开关而设计的，利用 IPM 主电路中的两路桥臂组成单相逆变桥实现，组成框图如图 5-5 所示。其主要由输入处理和输出封锁、双路 PWM 发生器、模拟开关（analog switch，AS）以及逻辑运算四部分电路组成。

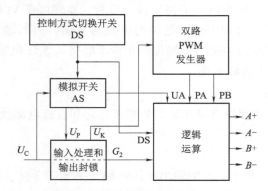

图 5-5 单相脉宽控制器的组成框图

（1）输入处理和输出封锁

输入处理和输出封锁的电路如图 5-6 所示，其中运放 $A1_1$、$A1_2$ 组成输入处理电路，其输出 U_k 连接双路 PWM 发生器，U_c 为输入控制信号。由于单极、双极方式 PWM 控制的零位不同，控制方式切换时，需要经 AS，分别设置偏置电压为 $\pm U_p$（单极性）或零偏置（双极性），并自动改变 $A1_2$ 的比例系数 k（切换其反馈电阻 R_{21} 的并联数）。

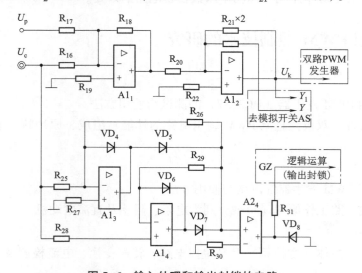

图 5-6 输入处理和输出封锁的电路

运放 $A1_3$、$A1_4$ 和 $A2_4$ 等是输出封锁电路，其中 $A1_3$、$A1_4$ 组成绝对值放大电路，当 $U_c = 0$ 时，比较器 $A2_4$ 输出低电平去封锁逻辑运算电路的输出，电阻 R_{30} 用于产生微小的封锁死区，以保证系统的运行稳定。

（2）双路 PWM 发生器

UC3637 及其外围电路组成的双路 PWM 发生器，它是 PWM 控制器的核心器件。UC3637（虚线框内）及其外围电路如图 5-7 所示，其中标明了 UC3637 的引脚定义。由图 5-7 可见，双路 PWM 发生器主要由以下部分组成：①三角波发生器 CP、CN、S1、SR_1；②PWM 比较器 CA、CB；③输出控制门 NA、NB；④限流电路 CL、SRA、SRB；⑤误差放大器 EA；⑥关机比较器 CS；⑦欠电压封锁电路 UVL。

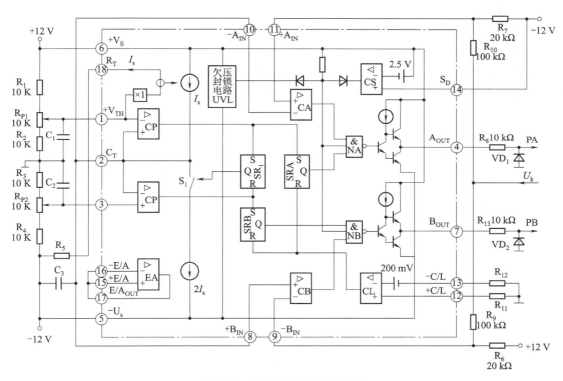

图 5-7　UC3637 及其外围电路

UC3637 内部产生一个模拟误差电压信号，输出两路与误差电压信号的幅值成正比的 PWM 脉冲信号（与极性相关），其基本特点有：①单电源或双电源工作，±2.5～±20 V；②双路 PWM 信号输出，驱动电流能力为 100 mA；③具有限流保护和欠电压封锁功能；④有温度补偿，2.5 V 阈值的关机控制。

主要原理分析如下。

1）三角波的产生。如图 5-7 所示，在正负电源（±12 V）之间串联接入电阻 $R_1 \sim R_4$、电位器 R_{P1}、R_{P2}，两个分压点分别接 UC3637 的 $\pm V_{TH}$（引脚 1、引脚 3），作为阈值电压。UC3637 的 R_T、C_T 端（引脚 18、引脚 2）分别接电阻 R_5、电容 C_3，该电阻、电容的另一端接负电源（-12 V）。$+V_{TH}$ 还经内部缓冲电路与 R_5 作用产生对电容 C_3 的恒流充电电流 I_s。C_3 恒流线性充电，使引脚 2 电压达到 $+V_{TH}$ 时，比较器 CP 反转，从而触发 SR_1，使其输出 Q

为高电平而闭合内部开关 S_1。S_1 闭合使负电流 $2I_s$ 与引脚 2 接通，使电容 C_3 以两恒流之差 I_s 放电，直至达到 $-V_{TH}$ 时，另一比较器 CN 触发 SR_1 的复位端 R，引起电容 C_3 的重新充电过程。三角波的波形如图 5-8（a）所示，三角波的频率决定于 $\pm V_{TH}$、电容 C_3 和电阻 R_5 的值，三角波的电压峰—峰值为 $\pm V_{TH}$，并固定取 $V_{TH}=U_{km}$。

2）双 PWM 信号的产生。内部比较器 CA 的反相输入端 $-A_{IN}$（引脚 10）和 CB 的同相输入端 $+B_{IN}$（引脚 8），因共同连接至 C_T 端（引脚 2）而得到三角波的输入。控制信号 U_k（来自输入处理电路的输出）经 100 Ω 电阻 R_{10}、R_9 分别引向 CA 的同相输入端 $+A_{IN}$（引脚 11）和 CB 的反相输入端 $-B_{IN}$（引脚 9），使比较器 CA 和 CB 输出互为反相的双路 PWM 信号。100 Ω 电阻 R_9、R_{10} 和 20 kΩ 电阻 R_6、R_7 的分压作用产生脉冲的前、后沿延时（死区）时间 T_0。图 5-8（b）、图 5-8（c）、图 5-8（d），分别为 $U_k=0$、$U_k>0$、$U_k<0$ 时的两路 PWM 波形 PA 和 PB，但图 5-8（a）省略了因电阻分压引起 U_k 的微小偏移。由图 5-8 看出，$U_k=0$ 时 PA、PB 的脉宽相等；随着 U_k 的正向增大，PA 的脉宽线性增大，PB 的脉宽则线性减小；而随着 U_k 的反向增大，PA 的脉宽线性减小，PB 的脉宽则线性增大。显然，这正好满足双极性控制对 PWM 信号的要求。由于单极性控制时始终只需 PA 或 PB 一路脉

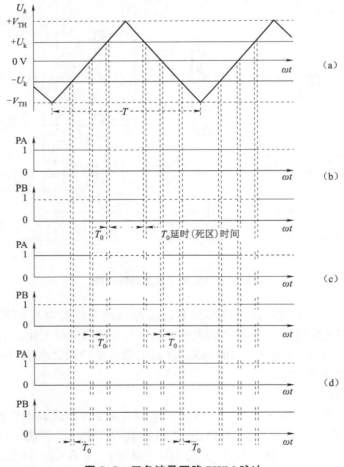

图 5-8 三角波及双路 PWM 脉冲

(a) 三角波的波形；(b) $U_k>0$；(c) $U_k=0$ V；(d) $U_k<0$

冲输出（其中另一路由逻辑运算电路实施封锁），并要求脉宽跟随 U_k（或$-U_k$）在整个周期 T 内线性变化。为此，应对输入处理电路的偏置电压 U_P 和比例系数 k，由 AS 进行自动切换，以适应两种控制方式对偏置和 U_{km} 的不同要求，后文将分析其切换原理。

3）如图 5-7 所示，比较器 CA、CB 的输出信号经与非门 NA、NB 才能从 A_{OUT}（引脚 4）和 B_{OUT}（引脚 7）输出，即必须先满足欠电压封锁和关机保护都未动作的条件。另外受限流控制的锁存器 SRA、SRB 的 Q 也应首先满足其为高电平，限流检测信号由 ±C/L 端（引脚 12、引脚 13）引入（但本系统主回路功率器件另有过流保护，故直接经电阻 R_{11}、R_{12} 接地）。

4）当电源电压$+V_s$ 低于+4.15 V 时，内部的 UVL 起作用，将输出 A_{OUT}、B_{OUT} 锁为低电平。此外，内部的关机 CS 的反相输入端内接（$V_s-2.5$ V）电压，其同相输入端接 S_D（引脚 14），外接适当电路可以控制电动机的启停、延时或其他保护功能。

5）UC3637 内部的 EA 是一个独立的高速运算放大器，其典型带宽 1 MHz，有低输出阻抗，在简单的闭环速度控制中可直接由其组成速度调节器。

（3）AS

采用 H 型结构的 PWM 变换器有双极性、单极性和受限单极性三种控制方式，本实验台采用双极性和受限单极性（本文简称单极性）两种控制方式，由控制方式切换开关（DS）选择。双极性控制时，PWM 变换器的 4 个功率开关，始终两两轮流导通，信号输入电路取零偏置，并取运放 $A1_2$ 的比例系数 $k=0.5$，相当于取 $U_{km}=0.5U_{Cm}$；单极性控制时，PWM 变换器的 4 个功率开关中，由给定的正负极性自动选定其中两个（对角方向）始终截止，信号输入电路则自动设置偏置电压为$\pm U_P$，并取运放 $A1_2$ 的比例系数 $k=1$，从而保证当 U_C 在 $0\sim U_{Cm}$（或$-U_{Cm}\sim 0$）范围内变化时脉宽跟随$\pm U_k$ 在整个周期 T 内线性变化（见图 5-8（a））。AS 就是为适应这一特殊需要而设计的专用电路。该电路以"三组二路双向模拟开关" CD4053 为核心组成，并包括比较器 $A2_3$ 组成的输入极性检测电路，三极管 VT_1、VT_2 组成的模拟开关控制电路以及 $A2_1$、$A2_2$ 组成的偏置设定电路。AS 原理如图 5-9 所示。为便于分析，图 5-9 中同时画出控制方式切换开关（DS）部分（虚线框所示）。

CD4053 内部的 X、Y、Z 三组双向模拟开关，分别由输入电平 A、B、C（引脚 11、引脚 10、引脚 9）控制。当 A、B、C 分别为低电平时，对应引脚 12 与引脚 14，引脚 2 与引脚 15，引脚 5 与引脚 4 内部接通；而 A、B、C 分别为高电平时，引脚 13 与引脚 14，引脚 1 与引脚 15，引脚 3 与引脚 4 内部接通。而 A、B、C 的电平则分别由三极管 VT_2、VT_1 的集电极电压控制。

单极性 PWM 控制时，DS 切换至高电平，VT_1 饱和导通，CD4053 的引脚 2 与引脚 15，引脚 5 与引脚 4 内部接通。引脚 2 与引脚 15 内部接通后，将一个反馈电阻 R_{21} 的一端接地，因而只有一个反馈电阻 R_{21}（与 R_{20}）接入输入处理电路，使比例系数 $k=R_{21}/R_{20}=1$；引脚 5 与引脚 4 内部接通后，则根据输入 U_C 的极性使 VT_2 饱和导通（$U_C>0$）或截止（$U_C<0$），使 CD4053 的引脚 12 或引脚 13 与引脚 14 内部接通，其 OUT/IN cx or cy（引脚 4）的输出偏置电压为$-U_P$ 或$+U_P$。$\pm U_P$ 分别由电位器 R_{P4}、R_{P5} 设定，已按要求整定为 $U_P=U_{Cm}$。

双极性 PWM 控制时，DS 切换至低电平，VT_1 截止，CD4053 中的引脚 1 与引脚 15，引脚 3 与引脚 4 内部接通。引脚 1 与引脚 15 内部接通后，两个反馈电阻 R_{21} 以并联方式接入输入处理电路，使比例系数 $k=0.5$；Z_1—Z 接通使输出偏置电压 $U_P=0$。

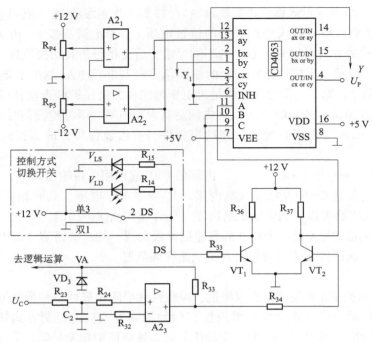

图 5-9　AS 原理

(4) 逻辑运算电路

逻辑运算电路如图 5-10 所示，为便于分析，同样画出 DS 部分（虚线框所示）。图 5-10 中 PA、PB 分别来自 UC3637 的 A_{OUT}（引脚 4）和 B_{OUT}（引脚 7），是两路互为反相的 PWM 信号。以下说明电路原理。

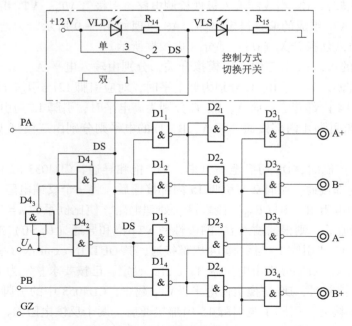

图 5-10　逻辑运算电路

1）双极性控制：DS 切换至低电平，与非门 $D1_2$、$D1_3$、$D4_1$、$D4_2$ 均输出高电平，使 $D1_1$、$D1_4$、$D2_2$、$D2_3$ 正常导通，PWM 信号由 A+、B-和 A-、B+输出去驱动 PWM 变换器的 4 个功率开关，使之两两轮流导通。

2）单极性控制：DS 切换至高电平，使双输入端与非门 $D1_2$、$D1_3$、$D4_1$、$D4_2$ 各有一个输入端为"1"。

当 U_C 为正极性时，U_A 为"1"、$\overline{U_A}$ 为"0"，使与非门 $D4_1$ 输出为"1"、$D4_2$ 输出为"0"。$D4_1$ 输出为"1"，使与非门 $D1_1$ 导通，来自 PA 的 PWM 信号经 $D1_1$、$D2_1$、$D3_1$ 由 A+输出去驱动相应功率开关。$D4_1$ 输出为"1"，又使 $D1_2$ 的两个输入端同时为"1"，其输出为"0"，经 $D2_2$、$D3_2$ 使 B-输出恒为低电平，相应功率开关恒为通态；$D4_2$ 输出为"0"，经 $D1_3$、$D2_3$、$D3_3$ 和 $D1_4$、$D2_4$、$D3_4$ 使输出 A-、B+同为高电平而截止相应功率开关。

当 U_C 为负极性时，U_A 为"0"、$\overline{U_A}$ 为"1"，正好与 U_C 为正极性时相反，它使与非门 $D4_2$ 输出为"1"、$D4_1$ 输出为"0"。$D4_2$ 输出为"1"使来自 PB 的 PWM 信号由 B+输出去驱动相应功率开关，同时使 A-输出恒为低电平，相应功率开关恒为通态；后者 $D4_1$ 输出为"0"，使 A+、B- 均为高电平而截止相应功率开关。

3）输出逻辑封锁：为了保证正反向切换的安全可靠，单相 PWM 专门设置了输出封锁端 GZ，当输入 $U_{Kf} = 0$ 时，GZ 为"0"，4 个与非门 $D3_1 \sim D3_2$ 全部被封锁，输出 A+、B-、A-、B+则全部为高电平，从而确保主回路 4 个功率开关器件全部截止。

5. 实验电路的组成及实验方法

（1）实验电路的组成

实验电路比较简单，主要由 PWM 控制器和 IPM 以及负载组成。PWM 直流电动机调速系统电路如附图 5-3 所示。

（2）单相脉宽控制器的调试

1）检查线路板各部分及其器件，确保工作状态正常无误。

2）根据±V_{TH} 和三角波测试点，分别检查三角波的频率 f_T、峰值±V_{TH} 和波形（$f_T \leqslant$ 20 kHz，±$V_{TH} = \pm 4.1$ V）。

3）通过开关切换单双极性控制方式和 U_{kf} 输入极性和大小的改变，由输出测试点 A+、A-、B+、B-检查两路 PWM 波形的变化，以及单双极性控制方式和±U_{kf} 输入时的输出逻辑是否正确无误。

（3）实验方法

1）测试脉冲发生器为 PWM 控制器。按照双极性、单极性的控制方式的脉冲发生器输出波形，将 U_C 记录在表 5-2 中。

2）主电源输出电压为 80 V。按图 5-11 所示的方式连接线路，选择纯电阻负载，将负载电阻阻值调节到最大。

3）根据控制电压不同和控制方式不同，测试负载两端电压及波形，将 U_C 填入表 5-3 中。

4）当负载为阻感负载时，重复以上步骤。

5）当负载为电动势负载时，重复以上步骤。

表 5-2 不同控制方式下 PWM 控制器的输出电压

控制方式	方向		U_C					
			0	1	2	3	4	5
单极性	正向	A+						
		A−						
		B+						
		B−						
	反向	A+						
		A−						
		B+						
		B−						
双极性	正向	A+						
		A−						
		B+						
		B−						
	反向	A+						
		A−						
		B+						
		B−						

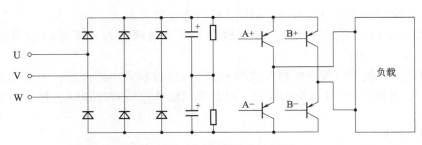

图 5-11 PWM 斩波电路原理

表 5-3 不同控制方式下负载两端电压

控制方式	双极性						单极性					
U_C/V	0	1	2	3	4	5	0	1	2	3	4	5
正向												
反向												

6. 实验报告

1）通过实验分析 PWM 斩波电路的工作特性及工作原理。

2）分析实验数据和波形。

3）简述本次实验总结与体会。

5.4 三相 SPWM 逆变电路的研究

1. 实验目的

1）掌握三相 SPWM 发生器工作原理和测试方法。

2）掌握三相逆变电路工作原理和测试方法。

3）了解逆变电路技术在工程领域中的应用。

2. 实验内容

1）研究三相 SPWM 发生器的测试与使用方法。

2）研究三相 SPWM 逆变电路工作原理（负载为三相异步电动机）。

3. 实验设备

1）综合实验台主体（主控箱）及其主控电路、转速变换、电流检测及变换电路等单元。

2）给定调节器挂箱。

3）三相脉宽控制器。

4）IPM 主电路、平波电抗器（200 mH）、三相交流电源以及电阻负载。

5）双踪示波器、数字万用表等测试仪器。

6）三相异步电动机。

4. 实验原理

参考 3.5 节三相 SPWM 波形发生电路的研究。

参考 4.3.2 节三相 SPWM 电压型逆变电路的研究。

5. 实验电路的组成及实验方法

（1）实验电路的组成

实验电路主要由三相 SPWM 控制器和 IPM 模块以及三相鼠笼式异步电动机负载组成。实验电路如附图 5-4 所示。

（2）实验方法

1）测试脉冲发生器（脉冲发生器为三相 PWM 控制器）。

缓慢调节给定电压信号，用示波器观察六路脉冲占空比的变化规律，并测量死区时间。改变不同的控制电压，将相应的频率值记录在表 5-4 中。

表 5-4 三相 SPWM 触发脉冲发生器控制电压与输出频率的关系

控制电压/V	0	1	2	3	4	5	6	7	8
正向输出频率/Hz									
反向输出频率/Hz									

2) 主电源输出电压为 80 V。按图 5-12 所示的方式连接线路。将图 3-16 中的 U_{kv} 和 U_{kf} 短接。

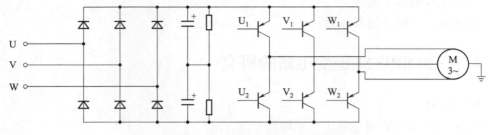

图 5-12 三相 SPWM 逆变电路原理

3) 根据控制电压不同，测试电动机的转速，记录在表 5-5 中。

表 5-5 三相 SPWM 逆变电路给定电压、频率、转速的测试

频率/Hz	10	20	30	40	50
控制电压/V					
转速/(r·min^{-1})					

6. 实验报告

1) 通过实验分析三相 SPWM 逆变电路的工作特性及工作原理。

2) 分析实验数据和波形。

3) 简述本次实验总结与体会。

第6章
电力电子技术项目设计

6.1 晶闸管整流器设计

1. 设计目的

课程设计是本课程教学中重要的实践性教学环节,起到从理论过渡到实践的桥梁作用。为此,必须认真组织,周密布置,积极实施,以期达到下述教学目的。

1) 通过课程设计进一步巩固、深化电力电子技术及相关课程方面的基本知识、基本理论和基本技能,培养独立思考、分析和解决实际问题的能力。

2) 通过课程设计独立完成一种变流装置课题的基本设计工作,培养综合应用所学知识和实际查阅相关设计资料的能力。

3) 通过课程设计熟悉设计过程,了解设计步骤,掌握设计内容,培养工程绘图和编写设计说明书的能力,为今后从事相关方面的实际工作打下良好基础。

2. 设计要求

1) 根据设计课题的技术指标和给定条件,能够在教师指导下,独立而正确地进行方案论证和设计计算,要求概念清楚、方案合理、方法正确、步骤完整。

2) 要求掌握电力电子技术的设计内容、方法和步骤。

3) 要求学会查阅有关参考资料和手册等。

4) 要求学会选择有关元件和参数。

5) 要求学会绘制有关电气系统图和编制元件明细表。

6) 要求学会编写设计说明书。

7) 要求对所设计的变流装置进行实验(仿真或实物实验)。

3. 设计的程序和内容

1) 学生分组、布置题目。首先将学生按学习成绩、工作能力和平时表现分为若干小组,每小组成员按成绩优、中、差进行合理搭配,然后下达课程设计任务书,原则上每小组一个题目。

2) 熟悉题目、收集资料。设计开始,每个学生应按教师下达的具体题目,充分了解技术要求,明确设计任务,收集相关资料,包括参考书、手册和图表等,为设计工作做好准备。

3) 总体设计。正确选定变流装置的系统方案,画出系统总体结构框图。

4) 主电路设计。按选定的系统方案,确定主电路结构,画出主电路及相关保护、操作电路原理草图,并完成主电路的元件计算和选择任务。

5）触发电路设计。根据主电路的形式特点，选择适当的触发电路。
6）进行仿真实验验证。
7）校核整个系统设计，编制元件明细表。
8）绘制正规系统原理图，整理编写课程设计说明书。

4. 设计说明书的内容

1）题目及技术要求。
2）系统方案和总体结构。
3）系统工作原理简介。
4）具体设计说明包括主电路和触发电路等。
5）设计评述。
6）元件明细表。
7）变流装置的仿真实验模型和结果分析。
8）变流装置的系统原理图。

5. 设计的成绩考核

教师通过课程设计答辩、审阅课程设计说明书和学生课程设计的平时表现，评定每个学生的课程设计成绩，一般可分为优秀、良好、中等、及格和不及格，也可采用百分制计分。

6.1.1 设计任务书

1. 设计任务

某不可逆系统由采用晶闸管整流器供电的晶闸管-直流电动机调速系统拖动，设计晶闸管-直流电动机调速系统的主电路。

2. 设计条件与指标

1）电网供电电压为三相 380 V。
2）直流电动机：额定功率 $P_N = 60$ kW，额定电压 $U_N = 220$ V，额定电流 $I_N = 305$ A，额定转速 $n_N = 1\,000$ r/min，电枢电阻 $R_a = 0.05$ Ω，$C_e = 0.2$ V，励磁电压为 220 V，励磁电流为 2 A。
3）电网电压波动在 $-10\% \sim +5\%$ 之内。
4）电流脉动 $S_i < 10\%$。

3. 设计要求

1）分析题目要求，提出 2~3 种实现方案，比较确定主电路结构和控制方案。
2）设计主电路原理图、触发电路的原理框图，并设置必要的保护电路。
3）计算参数，选择主电路元件参数，分析主电路工作原理。
4）利用 PSpice、PSIM、PLECS 或 MWORKS 等进行电路仿真优化。
5）撰写课程设计报告。

4. 课程设计报告要求

课程设计报告书须采用计算机打印，按照毕业设计格式要求撰写，并配上封面，装订成册。课程设计报告应包括以下内容。

1）内容摘要。

2）设计内容及要求。
3）系统的方案论证、系统框图。
4）单元电路设计、参数选择和元件选择。
5）完整的电路图、电路的工作原理的相关说明。
6）计算机仿真、仿真结果分析。
7）设计特点和优缺点的总结、课题的核心及使用价值、改进意见。
8）参考文献。

6.1.2 设计步骤

6.1.2.1 晶闸管整流器主电路形式的选择

晶闸管整流器主电路形式的选择包括确定主电路的结构形式、是否需要整流变压器及可逆运行等，主电路通常包括整流变压器、晶闸管整流器、直流滤波电抗器、交流侧过电压与过电流保护装置及快速熔断器等。

1. 整流器主电路连接形式的确定

整流器主电路连接形式多种多样，常用整流器的主电路比较如表 6-1 所示，选择时应考虑以下情况。
1）可供使用的电网电源相数及容量。
2）传动装置的功率。
3）允许电压和电流脉动率。
4）传动装置是否要求可逆运行，是否要求回馈制动。

表 6-1 常用整流器的主电路比较

形式	变压器利用率	直流侧脉动情况	元件利用率（导通角）	直流磁化	波形畸变（畸变系数）	应用场合
单相桥式半控	较好（0.9）	一般（$m=2$）	好（180°）	无	一般（0.9）	10 kW 以下不可逆
单相桥式全控	较好（0.9）	一般（$m=2$）	好（180°）	无	一般（0.9）	10 kW 以下可（不可）逆
三相半波	差（0.74）	一般（$m=3$）	好（180°）	有	严重（0.827）	50 kW 以下及电动机励磁
三相桥式全控	好（0.95）	较小（$m=6$）	较好（120°）	无	较小（0.955）	10~200 kW 可（不可）逆，应用范围广
双反星形带平衡电抗器	一般（0.79）	较小（$m=6$）	较好（120°）	无	较小（0.955）	低压大电流
三相桥式半控	好（0.95）	较小（$m=6$）	较好（120°）	无	较小（0.955）	10~200 kW 不可逆
双三相桥式带平衡电抗器	好（0.97）	小（$m=12$）	较好（120°）	无	小（0.985）	1 000 kW 以上可逆，四象限运行

2. 常用整流电路的计算系数

常用整流电路的计算系数如表 6-2 所示。

表 6-2　常用整流电路的计算系数

	计算系数		电路形式				
			单相桥式半控	单相桥式全控	三相半波	三相桥式半控	三相桥式全控
	换相电抗压降计算系数	K_X	0.707	0.707	0.866	0.5	0.5
	整流电压计算系数	K_{UV}	0.9	0.9	1.17	2.34	2.34
晶闸管	电压计算系数	K_{UT}	1.41	1.41	2.45	2.45	2.45
	电流计算系数	K_{IT}	0.45	0.45	0.367	0.367	0.367
整流变压器	二次侧相电流计算系数	K_{IV}	1	1	0.577	0.816	0.816
	一次侧相电流计算系数	K_{IL}	1	1	0.472	0.816	0.816
	视在功率计算系数	K_{ST}	1.11	1.11	1.35	1.05	1.05
	漏抗计算系数	K_{TL}	1	1	2.12	1.22	1.22
	漏抗折算系数	K_L	0	1	1	0	2
	电阻折算系数	K_R	1	1	1	2	2

6.1.2.2　整流变压器的选择

整流变压器一次侧连接交流电网，二次侧连接整流装置。整流变压器的参数选择主要包括额定电压、额定电流、容量的选择等。

1. 整流变压器的作用和特点

（1）整流变压器的作用

1）调整整流器的输入电压等级。由于要求整流器输出直流电压一定，若整流器的交流输入电压太高，则晶闸管运行时的触发延迟角需要较大；若整流器输入电压太低，则可能在触发延迟角最小时仍不能达到负载要求的电压额定值。因此，通常采用整流变压器变换整流器的输入电压等级，以得到合适的二次侧电压。

2）利用变压器漏抗限制晶闸管导通，整流器短路时电流上升率 di/dt 增大。

3）实现电网与整流装置的电气隔离，改善电源电压波形，减少整流装置的谐波对电网的干扰。

（2）整流变压器的特点

1）由于整流器的各桥臂在一个周期内轮流导通，整流变压器二次绕组电流并非正弦波（近似方波），电流含有直流分量，而一次侧电流不含直流分量，使整流变压器视在功率比直流输出功率大。

2）当整流器短路或晶闸管击穿时，变压器中可能流过很大的短路电流。因此要求变压器阻抗要大些，以限制短路电流。

3）由于整流变压器通过非正弦电流引起较大的漏抗压降，因此它的直流输出电压外特性较软。

4）整流变压器二次侧可能产生异常的过电压，因此整流变压器要有很好的绝缘性。

2. 整流变压器二次侧相电压的计算

1）整流变压器的参数计算应考虑的因素。由于整流器负载回路的电感足够大，故整流变压器内阻及晶闸管的通态压降可忽略不计，但在整流变压器的参数计算时，还应考虑如下因素。

①最小触发延迟角 $\alpha_{\min}$：对于要求直流输出电压保持恒定的整流装置，α 应能自动调节补偿。一般可逆系统的 $\alpha_{\min}$ 取 $30°\sim 35°$，不可逆系统的 $\alpha_{\min}$ 取 $10°\sim 15°$。

②电网电压波动：根据规定，电网电压允许波动范围为 $-10\%\sim +5\%$，考虑在电网电压最低时，仍能保证最大整流输出电压的要求，通常取电压波动系数 $b=0.90\sim 1.05$。

③漏抗产生的换相压降 ΔU_X。

④晶闸管或整流二极管的正向导通压降 ΔU。

2）二次侧相电压 U_2 的计算方法。

①对用于电枢电压反馈的调速系统的整流变压器，有

$$U_2 = \frac{U_N}{K_{UV}\left(b\cos\alpha_{\min} - K_X U_{dl} \frac{I_{T\max}}{I_N}\right)} \tag{6-1}$$

式中　U_2——整流变压器二次侧相电压，V；

　　　U_N——电动机的额定电压，V；

　　　K_{UV}——整流电压计算系数；

　　　b——电压波动系数，一般取 $b=0.90\sim 1.05$；

　　　α——晶闸管的触发延迟角；

　　　K_X——换相电抗压降计算系数；

　　　U_{dl}——整流变压器阻抗电压比，$100\ kV\cdot A$ 以下取 0.05，容量越大，U_{dl} 越大（最大为 0.1）；

　　　$I_{T\max}$——整流变压器的最大工作电流，与电动机的最大工作电流 $I_{d\max}$ 相等，A；

　　　I_N——电动机的额定电流，A。

②对用于转速反馈的调速系统的整流变压器，有

$$U_2 = \frac{\left(\dfrac{I_{d\max}}{I_N}\right)I_N R_a + U_N + \left(\dfrac{I_{T\max}}{I_N} - 1\right)I_N R_a}{K_{UV}\left(b\cos\alpha_{\min} - K_X U_{dl} \dfrac{I_{T\max}}{I_N}\right)} \tag{6-2}$$

式中　R_a——电动机的电枢电阻，Ω。

③在要求不高的场合，以上几种情况还可以采用简便计算，即

$$U_2 = (1\sim 1.2)\times \frac{U_N}{K_{UV} b} \tag{6-3}$$

④当调速系统采用三相桥式整流电路并带转速负反馈时，一般情况下，整流变压器二次侧采用Y形连接，也可按式（6-4）、式（6-5）估算

对于不可逆系统

$$U_2 = (0.95 \sim 1.0) U_N/\sqrt{3} \tag{6-4}$$

对于可逆系统

$$U_2 = (1.05 \sim 1.1) U_N/\sqrt{3} \tag{6-5}$$

3. 整流变压器二次侧相电流的计算

1）整流变压器二次侧相电流 I_2 的计算

$$I_2 = K_{IV} I_{dN} \tag{6-6}$$

式中　K_{IV}——整流变压器二次侧相电流计算系数；

　　　I_{dN}——整流器额定直流电流，A。

当整流器用于电枢供电时，一般取 $I_{dN} = I_N$。在有环流可逆系统中，变压器通常设有两个独立的二次绕组，其二次侧相电流为

$$I_2 = K_{IV} \left(\frac{1}{\sqrt{2}} I_N + I_R \right) \tag{6-7}$$

式中　I_R——平均环流，通常 $I_R = (0.05 \sim 0.1) I_N$。

2）整流变压器一次侧相电流 I_1 计算

$$I_1 = \frac{K_{IL} I_N}{K} \tag{6-8}$$

式中　K_{IL}——整流变压器一次侧相电流计算系数；

　　　K——变压器的电压比。

考虑变压器自身的励磁电流时，I_1 应乘以 1.05 左右的系数。

4. 整流变压器的容量计算

一次容量

$$S_1 = m_1 \frac{K_{IL}}{K_{UV}} U_{d0} I_{dN} \tag{6-9}$$

二次容量

$$S_2 = m_2 \frac{K_{IV}}{K_{UV}} U_{d0} I_{dN} \tag{6-10}$$

平均总容量

$$S = (S_1 + S_2)/2 \tag{6-11}$$

式中　m_1，m_2——变压器一次、二次绕组相数，对于三相桥式全控电路 $m_1 = m_2 = 3$；

　　　K_{IL}——一次侧相电流计算系数；

　　　U_{d0}——整流器空载电压，V；

　　　K_{IV}——二次侧相电流计算系数；

　　　K_{UV}——整流电压计算系数。

6.1.2.3　晶闸管的选择

晶闸管的选择主要是根据整流的运行条件，计算晶闸管电压、电流值，选出晶闸管的型号规格。在工频整流装置中一般选择普通型晶闸管，其主要选择参数为额定电压、额定

电流。

1) 额定电压 U_{VTn} 的选择：额定电压 U_{VTn} 的选择应考虑下列因素。

①分析电路运行时晶闸管可能承受的最大电压值。

②考虑实际情况，系统应留有足够的裕量。通常可考虑 2~3 倍的安全裕量，即

$$U_{VTn} = (2\sim3)U_{VTM} \tag{6-12}$$

式中　U_{VTM}——晶闸管可能承受的最大电压值，V。

当整流器的输入电压和整流器的连接方式确定后，整流器的输入电压和晶闸管可能承受的最大电压有固定关系，常采用查计算系数表来选择计算，即

$$U_{VTn} = (2\sim3)K_{UVT}U_2 \tag{6-13}$$

式中　K_{UVT}——晶闸管的电压计算系数；

　　　U_2——整流变压器二次侧相电压，V。

③按计算值换算出晶闸管的标准电压等级值。

2) 额定电流 $I_{VT(AV)}$ 选择：晶闸管是一种过载能力较小的元件，选择额定电流时，应留有足够的裕量，通常考虑选择 1.5~2 倍的安全裕量。

①通用计算公式为

$$I_{VT(AV)} \geq (1.5\sim2)\frac{I_{VT}}{1.57} \tag{6-14}$$

式中　I_{VT}——流过晶闸管的最大电流有效值，A。

②在实际计算中，常常已知负载的平均电流，整流器连接及运行方式已经确定，即流过晶闸管的最大电流有效值和负载平均电流有固定系数关系。这样通过查对应系数使计算过程简化。当整流电路电抗足够大且整流电流连续时，可用下述经验公式近似地估算晶闸管额定通态平均电流 $I_{VT(AV)}$

$$I_{VT(AV)} \geq (1.5\sim2)K_{IVT}I_{dmax} \tag{6-15}$$

式中　K_{IVT}——晶闸管电流计算系数；

　　　I_{dmax}——整流器输出最大平均电流，A。

当采用晶闸管作为电枢供电时，取 I_{dmax} 为电动机工作电流的最大值。

整流二极管的计算与选择方法和晶闸管相同，可参照相关方法进行。

6.1.2.4　平波和均衡电抗器选择

1. 平波和均衡电抗器在主回路中的作用及布置

晶闸管整流器的输出直流电压是脉动的，为了限制整流电流的脉动、保持电流连续，常在整流器的直流输出侧接入带有气隙的电抗器，称为平波电抗器。

在有环流可逆系统中，环流不通过负载，仅在正反向两组变流器之间流通，可能造成晶闸管过流损坏。因此，通常在环流通路中串联接入环流电抗器（称为均衡电抗器），将环流电流限制在一定的数值内。

电抗器在回路中位置不同，其作用也不同。对于不可逆系统，在电动机电枢端串联一个平波电抗器，使电动机负载得到平滑的直流电流，取合适的电感量，能使电动机在正常工作范围内不出现电流断续，还能抑制短路电流上升率，如图 6-1 所示。

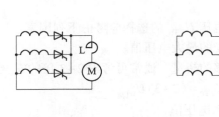

图 6-1 电抗器连接方式之一

对于有环流可逆系统,一般有两种安排方式。

1) 限制环流用的环流电抗器和平波电抗器合并在一起。这时只用两只电抗器,分别放在每组变流器的输出端,电抗器既起抑制环流作用,又起平波作用,如图 6-2 所示。

2) 环流电抗器和平波电抗器分开设置。在电枢端专门设置一个平波电抗器,然后在两组变流器的环流电路中分别设置环流电抗器,如图 6-3 所示。

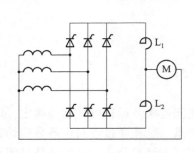

图 6-2 电抗器连接方式之二

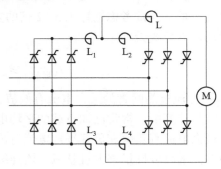

图 6-3 电抗器连接方式之三

2. 平波电抗器和均衡电抗器选择

电抗器的主要参数有额定电抗、额定电流、额定电压及结构形式等。

计算各种整流电路中平波电抗器和均衡电抗器的电感值时,应根据电抗器在电路中的作用进行选择计算,例如,从减少电流脉动出发选择电抗器,从电流连续出发选择电抗器,从限制环流出发选择电抗器等。此外,还应考虑限制短路电流上升率等。

由于一个整流电路中,通常包含有电动机电枢电抗、整流变压器漏抗和外接电抗器的电抗三个部分,因此,首先应求出电动机电枢(或励磁绕组)电感及整流变压器漏感,再求出需要外接电抗器的电感值。

1) 电动机的电感。直流电动机的电枢电感值 L_D(单位为 mH)可按式(6-16)计算

$$L_D = K_D \frac{U_N}{2pn_N I_N} \times 10^3 \tag{6-16}$$

式中　U_N——直流电动机的额定电压,V;
　　　I_N——直流电动机的额定电流,A;
　　　n_N——直流电动机的额定转速,r/min;
　　　p——直流电动机的磁极对数;

电动机电极电感计算系数一般无补偿电动机取 8~12,快速无补偿电动机取 6~8,有补

偿电动机取 5~6。

2) 整流变压器的漏感。整流变压器折合二次侧的每相漏感 L_T（单位为 mH）可按式（6-17）计算

$$L_T = K_T U_{dl} \frac{U_2}{I_N} \tag{6-17}$$

式中　整流变压器漏感计算系数，三相桥式全控电路取 3.9，三相半波取 6.75；
　　　　U_{dl}——整流变压器短路电压百分比，一般取 0.05~0.1；
　　相电压有效值——整流变压器二次侧相电压，V；
　　　　I_N——直流电动机额定电流，A。

3) 保证电流连续所需电抗器的电感值。当电动机负载电流小到一定程度时，会出现电流断续的现象，将使直流电动机的机械特性变软。为了使输出电流在最小负载电流时仍能连续，所需的临界电感值 L_1（单位为 mH）可用式（6-18）计算

$$L_1 = K_1 \frac{U_2}{I_{dmin}} \tag{6-18}$$

式中　　　K_1——临界计算系数，单相桥式全控电路取 2.87，三相半波 1.46，三相全控桥 0.693；
　　相电压有效值——整流变压器二次侧相电压，V；
　　　　I_{dmin}——电动机最小工作电流，A，一般取电动机额定电流的 5%~10%。
　　实际串联的电抗器的电感值 L_p 为

$$L_p = L_1 - (L_D + N L_T) \tag{6-19}$$

式中　N——系数，三相桥取 2，其余取 1。

4) 限制电流脉动所需电抗器的电感值。由于晶闸管整流装置的输出电压是脉动的，该脉动电流可以看成是一个恒定直流分量和一个交流分量组成的。通常负载需要的是直流分量，而过大的交流分量会使电动机换向恶化和铁耗增加。因此，应在直流侧串联平波电抗器以限制输出电流的脉动量。将输出电流的脉动量限制在要求的范围内所需的最小电感值 L_2（单位为 mH）

$$L_2 = K_2 \frac{U_2}{s_i I_{dmin}} \tag{6-20}$$

式中　　　K_2——临界计算系数，单相桥式全控电路取 4.5，三相半波 2.25，三相桥式全控电路取 1.045；
　　　　s_i——电流最大允许脉动系数，通常单相电路取 20%，三相电路取 5%~10%；
　　相电压有效值——整流变压器二次侧相电压，V；
　　　　I_{dmin}——电动机最小工作电流，A，取电动机额定电流的 5%~10%。
　　实际串联接入的电抗器的电感值 L_p（单位为 mH）

$$L_p = L_2 - (L_D + N L_T) \tag{6-21}$$

式中　N——系数，三相桥取 2，其余取 1。

5) 限制环流所需的电抗器的电感值 L_R（单位为 mH）

$$L_R = K_R \frac{U_2}{I_R} \tag{6-22}$$

式中　　　K_R——电阻折算系数，单相桥式全控电路取 2.87，三相半波 1.46，三相桥式全控电路取 0.693；

　　　　　I_R——环流平均值，A；

相电压有效值——整流变压器二次侧相电压，V。

实际串联接入的均衡电抗器的电感值 L_{RA}（单位为 mH）

$$L_{RA}=L_R-L_T \tag{6-23}$$

式中　L_T——整流变压器折合二次侧的每相漏感，mH。

如果均衡电流经过变压器两相绕组，则计算 L_{RA} 时应代入 $2L_T$。

6.1.2.5　晶闸管的保护设计

晶闸管是整流装置的核心器件，由于它的过载能力较差，所以对晶闸管必须进行保护。

1. 过电流保护

过电流时晶闸管经常发生故障，所以晶闸管的保护设计应当首先考虑过电流保护。由于晶闸管承受过电流的能力比一般电器差得多，因此必须在极短的时间内把电源断开或把电流值降下来。

造成晶闸管过电流的主要因素有电网电压波动大、电动机轴上负载超过允许值、电路中晶闸管误导通以及晶闸管击穿短路等。

常见的过电流保护方案如图 6-4 所示。其中 KM 为交流接触器，B 为过流检测互感器，FU_F 为快速熔断器，KOC 为直流侧过电流保护，QF 为空气开关。这些方案都有过电流保护作用，具体应用时可以根据实际需要选用一种或多种。

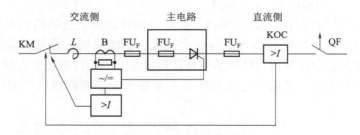

图 6-4　常见的过电流保护方案

(1) 快速熔断器保护

快速熔断器保护是最简单有效的过电流保护器件，与普通熔断器相比，具有快速熔断的特性，在发生短路后，熔断时间小于 20 ms，能保证在晶闸管损坏之前熔断，避免过电流损坏晶闸管。

快速熔断器可以安装在交流侧、直流侧或直接与晶闸管串联，如图 6-5 所示。其中图 6-5 (a) 的接法对交流、直流侧过电流均起作用；图 6-5 (b) 的接法对保护晶闸管最为有效；图 6-5 (c) 的接法只能在直流侧过载和短路时起作用。使用时可根据实际情况选用图 6-5 (a)、图 6-5 (b)、图 6-5 (c) 中的一种。

快速熔断器的选择主要考虑下述几个方面。

1) 快速熔断器的额定电压应大于线路正常工作电压的有效值，即

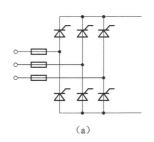 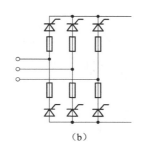 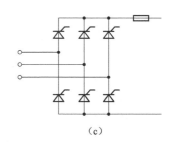

图 6-5 快速熔断器的安装方式

(a) 输入端保护；(b) 晶闸管保护；(c) 负载端保护

$$U_{FN} \geq \frac{K_{UVT}}{\sqrt{2}} U_2 \qquad (6-24)$$

2) 快速熔断器熔体的额定电流（有效值）I_{FN} 应大于或等于被保护晶闸管额定电流。若快速熔断器与桥臂晶闸管串联，熔体的额定电流 I_{FN} 可按式（6-25）计算，即

$$1.57 I_{VT(AV)} \geq I_{FN} \geq I_{VTM} \qquad (6-25)$$

式中 $I_{VT(AV)}$ ——被保护晶闸管额定电流，A；

I_{FN} ——快速熔断器熔体的额定电流，A；

I_{VTM} ——实际流过晶闸管的最大电流有效值，A。

由于晶闸管额定电流在选择时已考虑了 1.5~2 倍的安全裕量，因此，通常按 $I_{VT(AV)}$ = I_{FN} 选择。

快速熔断器价格较高，一般情况下，总是先让其他过电流保护措施动作，如电子线路保护，尽量避免直接使快速熔断器熔断。

(2) 过电流继电器保护

过电流继电器可以安装在交流侧或直流侧，用于检测主电路的电流。过电流继电器在发生过电流故障时动作，使交流侧断路器或接触器分闸。由于过电流继电器、断路器或接触器动作需要几百毫秒，因此只能在机械过载引起的过电流或短路电流不大时用于保护晶闸管。

(3) 直流快速开关

直流快速开关常用于大中容量的整流器的直流侧过载和短路保护，快速开关的动作时间为 2~3 ms，分断时间一般为 25~30 ms。选择时，其额定电压、额定电流应不小于整流装置的额定值。

2. 过电压保护

1) 产生过电压的原因。晶闸管对于电压很敏感，当正向电压超过其正向断态重复峰值电压 U_{DRM} 时，就会误通，引起电路故障；当外加的反向电压超过其反向断态重复峰值电压 U_{RRM} 时，晶闸管将立即损坏。因此必须进行过电压保护。过电压产生的主要原因：一是电路中开关的断开、闭合引起的冲击电压，又称操作过电压；二是雷击或其他外来冲击干扰引起的浪涌过电压。

针对形成过电压的原因不同，可以采取不同的抑制方法。常用的过电压保护方案如图 6-6 所示。

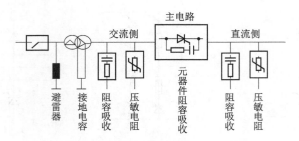

图 6-6　常用的过电压保护方案

2）交流侧过电压保护措施。

①阻容吸收保护。阻容吸收保护电路通常采用电阻 R 和电容 C 的串联支路，并联在变压器的二次侧进行保护，常见连接形式如图 6-7 所示。

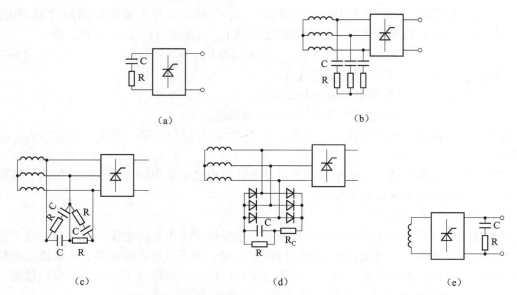

图 6-7　常见交流侧的阻容吸收保护电路连接形式
(a) 输入单相阻容吸收保护电路；(b) 三相整流式阻容吸收保护电路；(c) 三相阻容吸收保护电路；
(d) 反向阻断式阻容吸收保护电路；(e) 单相输出阻容吸收保护电路

对于单相回路电容（单位为 μF）的估算式

$$C \geqslant 6I_{em} \frac{S}{U_{2\phi}^2} \tag{6-26}$$

电容的耐压大于或等于 $1.5U_m$。

电阻（单位为 Ω）的估算式

$$R \geqslant 2.3I_{em} \frac{U_2^2}{S\sqrt{\dfrac{U_{dL}}{I_{em}}}} \tag{6-27}$$

电阻功率（单位为 W）的估算式

$$P_R \geq (3\sim4)I_R^2 R \tag{6-28}$$

通过电阻的电流（单位为 A）的估算式

$$I_R = 2\pi f C U_C^2 \times 10^{-6} \tag{6-29}$$

式中　　S——变压器容量，kV·A；

相电压有效值——变压器二次侧相电压有效值，V；

I_{em}——变压器励磁电流百分比，对于 10~1 000 kV·A 的变压器，其值为 4%~10%；

U_{dL}——变压器的短路比，对于 10~1 000 kV·A 的变压器其值为 5%~10%；

U_C——阻容元件两端正常工作时交流电压峰值，V。

对于三相电路，R、C 的数值可按表 6-3 参数进行换算。

表 6-3　R、C 的参数换算

变压器接法	单相	三相二次Y连接		三相二次 D 连接	
RC 装置接法	与二次侧并联	Y	D	Y	D
C 电容值	C	C	$1/3C$	$3C$	C
R 电阻值	R	R	$3R$	$1/3R$	R

注：Y 表示变压器副边连接方式为星形连接方式，即三相线圈的地线连接在一起，D 表示变压器副边为三角形连接，即三相线圈的首尾相接。

对于大容量晶闸管装置，三相阻容保护器件功率比较大，可以采用图 6-7（d）所示的整流式接法。虽然多用了一个三相整流桥，但只需一个电容，而且由于只承受直流电压，故可采用体积小、容量大的电解电容。再者还可以避免变换器中的电力电子器件导通瞬间因保护电路的电容放电电流而引起的过大 di/dt。R_C 的作用是吸收电容上的过电压能量。电容 C 的计算公式同式（6-26），R_C 可按式（6-30）计算

$$R_C = \frac{5U_{21}}{I_{21}} \tag{6-30}$$

$$R = \frac{5U_d}{I_d} \tag{6-31}$$

$$P_{RC} \geq (2\sim3)\frac{(\sqrt{2}U_{21})^2}{R_C} \tag{6-32}$$

式中　　U_{21}，I_{21}——变压器二次侧的线电压和线电流；

U_d，I_d——整流器输出电压和电流。

在电阻 R 中，过电压时只有瞬时电流，所以电阻 R 的功率不必专门考虑，一般可取 4~10 W。

②非线性电阻保护方式。非线性电阻保护方式主要有硒堆和压敏电阻的过电压保护。压敏电阻的主要参数如下。

a. 标称电压 U_{1mA}。U_{1mA} 是指漏电流为 1 mA 时，压敏电阻上的电压值。

b. 通流量。在规定冲击电流波形（前沿 8 μs，波形宽 20 μs）下允许通过的浪涌峰值电流。

c. 残压。压敏电阻通过浪涌电流时在其两端的压降。

压敏电阻标称电压 U_{1mA} 的选择公式为

$$U_{1mA} = 1.3 \times \sqrt{2}\, U \tag{6-33}$$

式中 U——压敏电阻两端正常工作电压有效值，V。

通流量应按大于实际可能产生的浪涌电流选择，一般取 5 kA 以上。

残压值的选择由被保护器件的耐压决定，应使晶闸管在通过浪涌电流时，残压抑制在晶闸管额定电压以下，并留有一定余量。

3) 直流侧过电压保护措施。直流侧过电压保护可以用阻容或压敏电阻保护，但采用阻容保护容易影响系统的快速性，并造成 di/dt 加大。因此，一般只用压敏电阻作直流侧过电压保护。

压敏电阻标称电压 U_{1mA} 按式（6-34）选择，即

$$U_{1mA} \geq (1.8 \sim 2) U_{DC} \tag{6-34}$$

式中 U_{DC}——正常工作时加在压敏电阻两端的直流电压，V。

流通量和残压的选择同交流侧过电流保护措施的方法。

4) 晶闸管换相过电压保护措施。为了抑制晶闸管的关断过电压，通常采用在晶闸管两端并联阻容保护电路的方法。阻容保护的元件参数可以根据表 6-4 列出的经验数据选定。

表 6-4 阻容保护的元件参数

晶闸管额定电流/A	10	20	50	100	200	500	100
电容/μF	0.1	0.15	0.2	0.25	0.5	1	2
电阻/Ω	100	80	40	20	10	5	2

电容耐压值通常按加在晶闸管两端工作电压峰值 U_m 的 1.1~1.5 倍计算。

电阻功率 P_R（单位为 W）为

$$P_R = fCU_m^2 \times 10^{-6} \tag{6-35}$$

式中 f——电源频率，Hz；

C——电容值，μF；

U_m——晶闸管两端工作电压峰值，V。

3. 电压上升率 du/dt 与电流上升率 di/dt 的限制

不同规格的晶闸管对最大的电压上升率 du/dt 及电流上升率 di/dt 有相应的规定，当超过规定值时，晶闸管会误导通。限制电压上升率 du/dt 及电流上升率 di/dt 的方法有下面几种。

1) 交流进线电抗器限制措施。交流进线电抗器电感量 L_B 的计算公式为

$$L_B = \frac{0.04 U_{2\phi}}{2\pi f \times 0.816 I_{dN}} \tag{6-36}$$

式中 I_{dN}——变流器输出额定电流，A；

f——电源频率，Hz；

$U_{2\phi}$——变压器二次侧相电压，V。

2) 在桥臂上串联空心电感，电感值取 20~30 μH 为宜。

3) 在功率较大或频率较高的逆变电路中，接入桥臂电感后，会使换流时间增长，影响正常工作，而经常采用将几只铁氧磁环套在桥臂导线上，使桥臂电感在小电流时磁环不饱和，电感量大，达到限制电压上升率 du/dt 与电流上升率 di/dt 的目的，还可以缩短晶闸管的关断时间。

图 6-8 是带有多种保护功能的晶闸管-直流电动机系统主电路图。

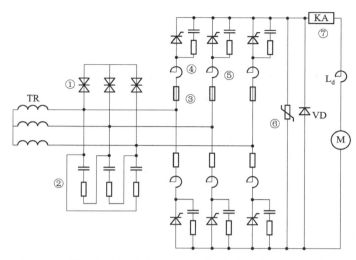

图 6-8　带有多种保护功能的晶闸管-直流电动机系统主电路

图 6-8 中①是星形接法的硒堆过电压保护；②是三角形接法的阻容过电压保护；③是桥臂上的快速熔断器过电流保护；④是晶闸管的并联阻容过电压保护；⑤是桥臂上的晶闸管电感抑制电流上升率保护；⑥是直流侧的压敏电阻过电压保护；⑦是直流回路上过充电快速开关保护；VD 是电感性负载的续流二极管；L_d 是电动机回路的平波电抗器；M 是直流电动机。

6.1.2.6　触发装置的选择

晶闸管属于半控开关，欲使其导通，应在晶闸管承受正向电压的同时，在门极与阴极之间加上足够功率的正向触发电压。因此，正确选择与使用触发电路，可以充分发挥晶闸管及触发装置的功能。

1. 移相触发器的主要技术指标

移相触发器的主要技术指标有同步信号类型（正弦波、方波和锯齿波）、同步信号幅值、移相范围、脉冲幅值、脉冲宽度等。

2. 常用触发电路的对比

触发电路的种类很多，表 6-5 列出了几种常用触发电路类型、它们的优缺点和使用范围，以便选用。

表 6-5　几种常用触发电路对比

触发电路类型	优点	缺点	使用范围
单结晶体管触发电路	结构简单，成本低，触发脉冲前沿陡，工作可靠，抗干扰能力强，易于调试	脉冲宽度窄，输出功率小，控制线性度差，移相范围小于 180°。电路参数差异大，在多组电路中使用不容易统一	不附加放大环节，可触发 50 A 以下的晶闸管，常用于要求不高的小功率单相或三相半波电路中，但在大电感负载中不宜采用

续表

触发电路类型	优点	缺点	使用范围
正弦波同步触发电路	电路简单,易于调整,能输出宽脉冲,输出电压 U_d 与控制电压 U_{ct} 为线性关系,能部分地补偿电网电压波动对输出电压 U_d 的影响。在引入正反馈时,脉冲前沿陡度可提高	受电网电压的波动及干扰影响大,实际移相范围只有150°左右	可用于功率较大的晶闸管装置中,电网波动较大的场所不适用
锯齿波同步触发电路	不受电网电压波动与波形畸变的直接影响,抗干扰能力强,移相范围宽。具有强触发、双脉冲和脉冲封锁等环节,可触发200 A以上的晶闸管	输出电压 U_d 与控制电压 U_{ct} 近似线性关系,电路比较复杂	在大中容量晶闸管装置中得到广泛应用
集成触发电路	体积小,功耗低,调试方便,性能稳定可靠	移相范围小于180°,为保证触发脉冲对称度,要求交流电网波形畸变率小于5%	广泛应用于各种晶闸管装置中
数字式触发电路	控制灵活,触发准确,精度高	线路复杂,脉冲输出同其他电路	用于要求较高的场合,广泛使用

3. 触发脉冲与主电路的同步

1) 同步的概念。同步是指触发脉冲和加在晶闸管的正向电压必须保持固定的相位关系。实现方法是通过同步变压器的不同接线组别向各触发单元提供相位互差的同步交流电压,确保变流装置中各晶闸管能按规定的顺序获得触发脉冲并有序工作。同步有两个含义:一是触发脉冲的频率与主电路的频率必须一致;二是输出触发脉冲的相位要符合主电路电压相位的要求。前者由于主电路整流变压器与触发电路的同步变压器连接在同一电网,故两者频率一样。后者要通过同步变压器的不同接线组别向各触发单元提供相应的交流电压。

2) 实现同步的方法。实现同步的方法是采用主电路电源电压经同步变压器降压,再经阻容移相来获得符合相位要求的同步电压。由于同步变压器二次侧的同步电压应有公共点,所以,同步变压器二次侧应按照Y连接,便于和各单元电路相连。其接线组别的确定,可采用简化的电压相量图(钟点法)来实现,步骤如下。

①根据主电路所要求的移相范围和触发电路可提供的移相范围,选取移相的控制方案,利用波形图分析确定出共阴极组 VT_1、VT_3、VT_5 所对应的触发电路输入同步信号,如同步电压 U_{su2} 与对应晶闸管阳极电压(如VTI的阳极相电压 U_2)之间的相位关系。

②根据已知整流变压器 TR 的接线组别，画出一次侧线电压相量 $\dot{U}_{U1V1}$ 与相应的二次侧线电压 $\dot{U}_{U2V2}$ 相位关系的相量图（钟点数），再根据第一点已确定的 U_{su2} 与 $\dot{U}_{U2V2}$ 相位关系，在同一表盘面上，再画出同步输入电压 $\dot{U}_{SU1V1}$ 与 $\dot{U}_{SU2V2}$ 简化相量图，确定同步变压器的接线组别，重复以上步骤，再确定主电路的共阳极组 VT_4、VT_6、VT_2 触发电路输入的同步信号 $U_{s(-u2)}$、$U_{s(-v2)}$、$U_{s(-w2)}$ 的钟点数。

③将同步变压器二次侧电压 U_{su2}、U_{sv2}、U_{sw2} 分别接到 VT_1、VT_3、VT_5 的触发电步信号的输入端；$U_{s(-u2)}$、$U_{s(-v2)}$、$U_{s(-w2)}$ 分别接到 VT_4、VT_6、VT_2 的触发电路同步信号的输入端，即能保证触发脉冲与主电路同步。

应当指出：在实际工作中，为确保主变压器与同步变压器的极性和接线组别正确，须测定三相变压器的极性。其方法如下。

①测定相间极性。用万用表电阻挡测量 12 个出线端之间的通断情况及电阻大小，找出高压绕组，暂定标记 U_1、V_1、W_1、X_1、Y_1、Z_1。

将 Y_1、Z_1 两点用导线连接，在 U_1 相加电压（约为额定电压一半），用电压表测量 U_{V1Y1}、U_{W1Z1} 及 U_{V1W1}，若 $U_{V1W1} = U_{V1Y1} - U_{W1Z1}$ 则标记正确，若 $U_{V1W1} = U_{V1Y1} + U_{W1Z1}$ 则标记错误，应将 V_1、W_1 相中任一相的端点标号互换（如 V_1、Y_1 将换成 Y_1、V_1），用同样方法，在 V_1、W_1 相施加低电压，决定 U_1、W_1 相极性，测定后将它们的首末端做正式标记。

②找出各相绕组。首先在 U_1、X_1 端加低电压，用电压表测量二次侧电压，其中电压最高的一相即 U_1 相的二次绕组，暂标记为 U_2、X_2，同理可标出 V_2、Y_2 及 W_2、Z_2。

③测定一、二次绕组极性。将一、二次侧的中性点用导线相连，高压侧加三相低电压，测量 U_{U1X1}、U_{V1Y1}、U_{U2X2}、U_{V2Y2}、U_{W2Z2}、U_{U1U2}、U_{V1V2}、U_{W1W2}，若 $U_{U1U2} = U_{U1X1} - U_{U2X2}$，则 U_{U1X1} 与 U_{U2X2} 同相，U_1 与 U_2 端极性相同；若 $U_{U1U2} = U_{U1X1} + U_{U2X2}$，则 U_{U1X1} 与 U_{U2X2} 反相，U_1 与 U_2 端极性相反；用同样方法判别 V_1、W_1 两相一次侧、二次侧极性。测定后把低电压绕组各相首末端正式标记。

6.1.2.7 晶闸管直流调速系统主电路的设计

1. 晶闸管直流调速主电路方案的确定

1）根据任务要求，采用晶闸管整流器供电。主电路采用三相桥式全控整流电路。
2）为实现在最小控制角下运行，选用整流变压器进行电压等级变换。
3）设置平波电抗器，满足电流脉动要求。
4）选用锯齿波同步触发电路。

2. 整流器的具体设计

1）整流变压器的选择。为减小整流器的谐波对电网的影响，工程上整流变压器采用 DY 连接。

①二次侧相电压 $U_{2\phi}$ 计算过程为

$$U_{2\phi} = \frac{\left(\dfrac{I_{dmax}}{I_N}\right)I_N R_a + U_N + \left(\dfrac{I_{Tmax}}{I_N} - 1\right)I_N R_a}{K_{UV}\left(b\cos\alpha_{min} - K_X U_{dl}\dfrac{I_{Tmax}}{I_N}\right)}$$

$$=\frac{\left(\frac{1.5\times305}{305}\right)\times305\times0.05+220+\left(\frac{1.5\times305}{305}-1\right)\times305\times0.05}{2.34\times(0.95\times0.98-0.5\times0.05\times1.5)}$$
$$=120\ (\text{V})$$

由表 6-2 知，三相桥式全控整流电路的计算系数 $K_{UV}=2.34$，$K_X=0.5$。其他参数 $U_{dl}=0.05$，$b=0.95$；$\alpha_{\min}=10°$，$\cos\alpha_{\min}=0.98$；$I_{d\max}/I_N=I_{T\max}/I_N=1.5$。

② 变压器二次侧相电流的计算。

对于二次绕组按丫连接，则
$$I_2=K_{IV}I_{dN}=0.816\times305=249\ (\text{A})$$

查表 6-3 得 $K_{IV}=0.816$。

③ 变压器的容量计算。

一次容量为
$$S_1=m_1\frac{K_{1L}}{K_{UV}}U_{d0}I_{dN}=3\times\frac{0.816}{2.34}\times2.34\times120\times305=89.6\ (\text{kV}\cdot\text{A})$$

查表 6-3 得 $m_1=3$，$K_{1L}=0.816$，$K_{UV}=2.34$。

二次容量为
$$S_2=m_2\frac{K_{1V}}{K_{UV}}U_{d0}I_{dN}=3\times\frac{0.816}{2.34}\times2.34\times120\times305=89.6\ (\text{kV}\cdot\text{A})$$

查表 6-3 得 $m_2=3$，$K_{1V}=0.816$，$K_{UV}=2.34$。

视在功率为
$$S=(S_1+S_2)/2=89.6\ \text{kV}\cdot\text{A}$$

2）晶闸管的选择。

① 晶闸管的额定电压。
$$U_{VTn}=(2\sim3)K_{UVT}U_2=2.5\times2.45\times120=735\ (\text{V})$$

查表 6-3 得，$K_{UVT}=2.45$，安全裕量系数取 2.5。

② 晶闸管的额定电流。
$$I_{VT(AV)}\geqslant(1.5\sim2)K_{IVT}I_{d\max}=1.5\times0.367\times1.5\times305=252\ (\text{A})$$

查表 6-3 得 $K_{IVT}=0.367$。选用 KP-300-8 平板型晶闸管。

3）平波电抗器的选择。

① 电动机的电枢电感 L_D。
$$L_D=K_D\frac{U_N}{2pn_NI_N}\times10^3=8\times\frac{220\times10^3}{2\times2\times1\ 000\times305}=1.44\ (\text{mH})$$

对于快速无补偿电动机 L_D 取 8，磁极对数 $p=2$。

② 变压器电感。
$$L_T=K_TU_{dl}\frac{U_2}{I_N}=3.9\times0.05\times\frac{120}{305}=0.077\ (\text{mH})$$

式中 $K_T=3.9$；

$U_{dl}=0.05$。

③ 平波电抗器的选择。

维持电流连续时

$$L_p = L_2 - (L_D + 2L_T) = K_1 \frac{U_2}{I_{dmin}} - (L_D + 2L_T)$$
$$= 0.693 \times \frac{120}{0.05 \times 305} - (2 \times 0.077 + 1.44) = 3.859 \text{ (mH)}$$

式中　$K_1 = 0.693$；

$I_{dmin} = 0.05 I_N$。

限制电流的脉动系数取 $S_i = 5\%$ 时，L_p 值为

$$L_p = L_2 - (L_D + 2L_T) = K_2 \frac{U_2}{S_i I_N} - (L_D + 2L_T) = 1.045 \times \frac{120}{0.05 \times 305} - 1.654 = 6.57 \text{ (mH)}$$

应取两者中较大的，故选用平波电抗器的电感为 6.57 mH 时，电流连续和脉动要求能同时满足。

4）整流电路桥臂串联熔断器的选择。

①快速熔断器的额定电压为

$$U_{FN} \geq \frac{K_{UVT}}{\sqrt{2}} U_2 = \frac{2.45}{\sqrt{2}} \times 120 = 208 \text{ (V)}$$

②快速熔断器额定电流的 I_{FN} 选择为

$$I_{VT(AV)} = I_{FN}$$

选择 RS_3 系列快速熔断器的额定电压 250 V，额定电流 300 A，切断能力 25 kA。

5）触发装置的选择。

①触发电路的同步。触发电路可选锯齿波同步触发电路，也可选择 KC 系列集成触发电路，本例选锯齿波同步触发电路。按简化相量图的方法来确定同步变压器的连接组别及变压器绕组连接方式。

以晶闸管 VT_1 的阳极电压 U_U 与相应的触发电路 1CF 的同步电压 U_{su} 定相为例。

a. 对于锯齿波触发器，要求同步电压 $\dot{U}'_{SU}$ 相量滞后 $\dot{U}_U$ 相量 180°，由于存在滤波环节 30°的相位移，所以实际同步电压 $\dot{U}'_{SU}$ 滞后主电压 $\dot{U}_U$ 相量 150°。

b. 整流变压器一般采用 DY5 的接法。根据整流变压器 DY5 接法，作出一次侧和二次侧电压矢量图，晶闸管 VT_1 阳极电压 $\dot{U}_U$ 与一次侧线电压 $\dot{U}_{U1V1}$ 反相，一次侧线电压 $\dot{U}_{U1V1}$ 在 12 点钟位置。在 $\dot{U}_U$ 滞后 150°的位置作出同步变压器二次侧电压 $\dot{U}_{SU}$，则对应线电压 $\dot{U}_{SUV}$ 超前 $\dot{U}_{SU}$ 30°，在 10 点钟位置；$-\dot{U}_{SUV}$ 在 4 点钟位置，如图 6-9 所示。所以同步变压器组二次侧一组为 DY10，另一组为 DY4，10 点钟位置一组为 U_{SU}、U_{SV}、U_{SW}，接晶闸管 VT_1、VT_3、VT_5 触发电路的同步信号输入端；4 点钟位置一组为 $-U_{SU}$、$-U_{SV}$、$-U_{SW}$，接晶闸管 VT_4、VT_6、VT_2 触发电路的同步信号输入端，晶闸管装置即能正常工作。

c. 依据已求得的同步变压器连接组别，就可以画出整流器主电路与同步变压器绕组的连接，如图 6-10 所示。先将 U_{su}、U_{sv}、U_{sw} 分别连接到阻容滤波器后（图 6-10 中未画），再连接到 1CF、3CF、5CF 的同步电压接线端，供晶闸管 VT_1、VT_3 和 VT_5 的触发输入端，对应触发脉冲为 U_{g1}、U_{g3}、U_{g5}；$-U_{su}$、$-U_{sv}$ 和 $-U_{sw}$ 分别经阻容滤波器连接到 4CF、6CF、

2CF 的同步电压接线端，供晶闸管 VT$_4$、VT$_6$ 和 VT$_2$ 触发输入端，对应触发脉冲为 U_{g4}、U_{g6}、U_{g2}，如图 6-10 所示，保证触发脉冲与主电路同步。

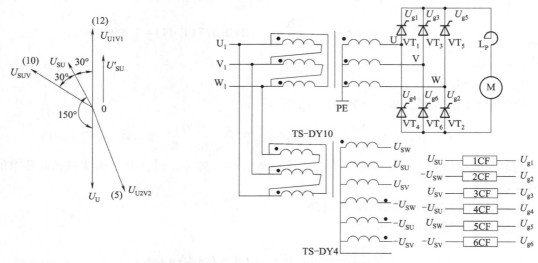

图 6-9　主电压与同步电压间的相量图　　图 6-10　整流器主电路与同步变压器绕组的连接

②触发电路的连接。因为主电路为三相桥式全控接线方式，需要 6 块触发电路板，分别控制 6 个晶闸管。6 块触发电路板的 X、Y 端（查触发电路原理图）的连接方式为后相的 X 端与前相的 Y 端相连，6 块触发板的偏移电压引出端接在一起，用一个偏移电位器来同时调偏移电压。6 块触发板的控制电压引出端连在一起，接到移相控制端，由 U_{ct} 直接控制。整流桥桥臂上的每个晶闸管的触发同步信号端连接到同步变压器对应的同步信号端，6 路同步信号依次相差 60°，并与主电路保持同步。

6.2　参考设计题目

6.2.1　舞台灯光控制电路的设计与分析

1. 设计任务

设计一个舞台灯光控制系统，通过给定电位器可以实现灯光亮度的连续可调。灯泡为白炽灯，可视为纯阻性负载，灯光亮度与灯泡两端电压（交流有效值或直流平均值）的平方成正比。

2. 设计条件与指标

1) 单相交流电源，额定电压 220 V。
2) 灯泡，额定功率 2 kW，额定电压 220 V。
3) 灯光亮度调节范围 10%~100%。
4) 尽量提高功率因数，并减少谐波污染。

3. 设计要求

1) 分析题目要求，提出 2~3 种实现方案，比较确定主电路结构和控制方案。

2)设计主电路原理图和触发电路的原理框图。

3)计算参数,选择主电路元件参数。

4)利用 PSpice、PSIM、PLECS 或 MWORKS 等进行电路仿真优化。

5)典型工况下的谐波分析与功率因数计算。

6)撰写课程设计报告。

4. 课程设计报告要求

课程设计报告书须采用计算机打印,按照毕业设计格式要求撰写,并配上封面,装订成册。课程设计报告应包括以下内容。

1)设计内容及要求。

2)系统的方案论证、系统框图。

3)单元电路设计、参数选择和元件选择。

4)完整的电路图、电路的工作原理的相关说明。

5)计算机仿真、仿真结果分析。

6)设计特点和优缺点的总结、课题的核心及使用价值、改进意见。

7)参考文献。

6.2.2 永磁直流伺服电动机调速系统的设计

1. 设计任务

设计一个永磁直流伺服电动机的调速系统,通过电位器可以调节电动机的转速和转向。电动机为反电势负载,在恒转矩的稳态情况下,电动机转速基本与电枢电压成正比,电动机的转向与电枢电压的极性有关。电动机的电枢绕组可视为反电势与电枢电阻及电感的串联。

2. 设计条件与指标

1)单相交流电源,额定电压 220 V。

2)电动机,额定功率 500 W,额定电压 220 V(DC),额定转速 1 000 r/min,$R_a = 2\ \Omega$,$L_a = 10\ \text{mH}$。

3)电动机速度调节范围 ±10% ~ ±100%。

4)尽量减小电动机的电磁转矩脉动。

3. 设计要求

1)分析题目要求,提出 2~3 种实现方案,比较确定主电路结构和控制方案。

2)设计主电路原理图、触发电路的原理框图,并设置必要的保护电路。

3)计算参数,选择主电路元件参数,分析主电路工作原理。

4)利用 PSpice、PSIM、PLECS 或 MWORKS 等进行电路仿真优化。

5)撰写课程设计报告。

4. 课程设计报告要求

课程设计报告书须采用计算机打印,按照毕业设计格式要求撰写,并配上封面,装订成册。课程设计报告应包括以下内容。

1)设计内容及要求。

2)系统的方案论证、系统框图。

3）单元电路设计、参数选择和元件选择。
4）完整的电路图、电路的工作原理的相关说明。
5）计算机仿真、仿真结果分析。
6）设计特点和优缺点的总结、课题的核心及使用价值、改进意见。
7）参考文献。

6.2.3　PWM 开关型功率放大器的设计

1. 设计任务

常用的功率放大器为线性功放，功率管工作于线性放大区域，性能好，但功耗大。请设计一个 PWM 开关型交流信号功率放大器，将输入交流电压信号不失真地放大 20 倍后输出，保持波形形状不变。开关功率放大器又称数字功率放大器。

2. 设计条件与指标

1）单相交流电源，额定电压 220 V。
2）放大器额定输出功率 500 VA，额定输出电压 100 V（AC），放大倍数为 20。
3）输入信号为 0~5 V（AC），信号频率范围为 40~500 Hz。
4）尽量减小输出信号的波形失真度。

3. 设计要求

1）分析题目要求，提出 2~3 种实现方案，比较确定主电路结构和控制方案。
2）设计主电路原理图、触发电路的原理框图，并设置必要的保护电路。
3）计算参数，选择主电路及保护电路元件参数。
4）利用 PSpice、PSIM、PLECS 或 MWORKS 等进行电路仿真优化。
5）典型工况下的波形失真度分析。
6）撰写课程设计报告。

4. 课程设计报告要求

课程设计报告书须采用计算机打印，按照毕业设计格式要求撰写，并配上封面，装订成册。课程设计报告应包括以下内容。
1）设计内容及要求。
2）系统的方案论证、系统框图。
3）单元电路设计、参数选择和元件选择。
4）完整的电路图、电路的工作原理的相关说明。
5）计算机仿真、仿真结果分析。
6）设计特点和优缺点的总结、课题的核心及使用价值、改进意见。
7）参考文献。

6.2.4　晶闸管控制电抗器电路的设计

1. 设计任务

设计一个晶闸管控制电抗器（TCR）型的三相低压动态无功补偿系统主电路，实现冲击性负荷的无功功率的跟随性补偿。

2. 设计条件与指标

1）三相交流低压系统，额定电压 380 V/220 V。

2）TCR 额定输出功率 500 kW。

3）三相电源电压对称，三相负荷平衡且对称。

3. 设计要求

1）分析题目要求，提出 2~3 种电路结构，比较确定主电路结构和控制方案。

2）设计主电路原理图、触发电路的原理框图，并设置必要的保护电路。

3）计算参数，选择主电路及保护电路元件参数。

4）利用 PSpice、PSIM、PLECS 或 MWORKS 等进行电路仿真优化。

5）撰写课程设计报告。

4. 课程设计报告要求

课程设计报告书须采用计算机打印，按照毕业设计格式要求撰写，并配上封面，装订成册。课程设计报告应包括以下内容。

1）设计内容及要求。

2）系统的方案论证、系统框图。

3）单元电路设计、参数选择和元件选择。

4）完整的电路图、电路的工作原理的相关说明。

5）计算机仿真、仿真结果分析。

6）设计特点和优缺点的总结、课题的核心及使用价值、改进意见。

7）参考文献。

6.2.5 晶闸管投切电容器电路的设计

1. 设计任务

设计一个晶闸管投切电容器（TSC）型的三相低压动态无功补偿系统主电路，实现快速变化负荷的无功功率的跟随性补偿。

2. 设计条件与指标

1）三相交流低压系统，额定电压 380 V/220 V。

2）单组 TSC 额定输出功率 100 kW。

3）三相电源电压对称，三相负荷平衡且对称。

4）尽量减少投切电流冲击。

3. 设计要求

1）分析题目要求，提出 2~3 种电路结构，比较确定主电路结构和控制方案。

2）设计主电路原理图、触发电路的原理框图，并设置必要的保护电路。

3）计算参数，选择主电路及保护电路元件参数。

4）利用 PSpice、PSIM、PLECS 或 MWORKS 等进行电路仿真优化。

5）撰写课程设计报告。

4. 课程设计报告要求

课程设计报告书须采用计算机打印，按照毕业设计格式要求撰写，并配上封面，装订成册。课程设计报告应包括以下内容。
1) 设计内容及要求。
2) 系统的方案论证、系统框图。
3) 单元电路设计、参数选择和元件选择。
4) 完整的电路图、电路的工作原理的相关说明。
5) 计算机仿真、仿真结果分析。
6) 设计的特点和优缺点的总结、课题的核心及使用价值、改进意见。
7) 参考文献。

6.2.6 直流传动用整流器

1. 设计任务

设计一个用于直流传动用的整流电源,使其直流输出满足负载工艺要求。

2. 设计条件与指标

1) 输入三相交流电源额定电压为 380 V,频率为 50 Hz。
2) 他励直流电动机的设计条件与指标如下。

额定功率 200 kW,额定电压 220 V,额定电流 10 A,额定转速 400 r/min,过载能力 2.5 倍额定电流,极对数 $p=3$,有补偿,励磁电压 220 V,励磁电流 19 A。

3) 负载工艺要求的设计条件与指标如下。

额定工作电流 900 A,过载要求为 1.5 倍,间隔 2 h。电流脉动率在 $\alpha=90°$ 时,小于 10%。

电动机空载时,直流电流必须连续。已知空载电流约为电动机额定电流的 10%。

3. 设计要求

1) 分析题目要求,提出 2~3 种电路结构,比较确定主电路结构和控制方案。
2) 设计主电路原理图、触发电路的原理框图,并设置必要的保护电路。
3) 计算参数,选择主电路及保护电路元件参数。
4) 利用 PSpice、PSIM、PLECS 或 MWORKS 等进行电路仿真优化。
5) 撰写课程设计报告。

4. 课程设计报告要求

课程设计报告书须采用计算机打印,按照毕业设计格式要求撰写,并配上封面,装订成册。课程设计报告应包括以下内容。

1) 设计内容及要求。
2) 系统的方案论证、系统框图。
3) 单元电路设计、参数选择和元件选择。
4) 完整的电路图、电路的工作原理的相关说明。
5) 计算机仿真、仿真结果分析。
6) 设计的特点和优缺点的总结、课题的核心及使用价值、改进意见。
7) 参考文献。

6.2.7 电镀用整流器的设计

1. 设计任务

设计一个电镀用的整流电源,使其输出电压尽可能平稳满足负载参数要求。

2. 设计条件与指标

1) 输入三相交流电源额定电压为 380 V,频率为 50 Hz。

2) 负载的额定电压 18 V,额定电流 3 500 A,最小负载电流 300 A。

3) 触发电路最小控制角为 30°。

3. 设计要求

1) 分析题目要求,提出 2~3 种电路结构,比较确定主电路结构和控制方案。

2) 设计主电路原理图、触发电路的原理框图,并设置必要的保护电路。

3) 计算参数,选择主电路及保护电路元件参数。

4) 利用 PSpice、PSIM、PLECS 或 MWORKS 等进行电路仿真优化。

5) 撰写课程设计报告。

4. 课程设计报告要求

课程设计报告书须采用计算机打印,按照毕业设计格式要求撰写,并配上封面,装订成册。课程设计报告应包括以下内容。

1) 设计内容及要求。

2) 系统的方案论证、系统框图。

3) 单元电路设计、参数选择和元件选择。

4) 完整的电路图、电路的工作原理的相关说明。

5) 计算机仿真、仿真结果分析。

6) 设计的特点和优缺点的总结、课题的核心及使用价值、改进意见。

7) 参考文献。

6.2.8 直流电力拖动电源的设计

1. 设计任务

根据直流电机负载参数要求,设计一个用于直流电力拖动的电源电路。

2. 设计条件与指标

1) 电源变压器原、副边额定电压分别为 380 V 和 220 V。

2) 直流电动机额定值为 60 kW、305 A、220 V,电枢电阻为 0.2 Ω,电感 5 mH。

3) 要求启动电流限制在 500 A,负载电流降至 10 A 仍保持连续。

4) 最小控制角 $\alpha_{min} = 30°$。

3. 设计要求

1) 分析题目要求,提出 2~3 种电路结构,比较确定主电路结构和控制方案。

2) 设计主电路原理图、触发电路的原理框图,并设置必要的保护电路。

3) 计算参数,选择主电路及保护电路元件参数。

4) 利用 PSpice、PSIM、PLECS 或 MWORKS 等进行电路仿真优化。

5) 撰写课程设计报告。

4. 课程设计报告要求

课程设计报告书须采用计算机打印，按照毕业设计格式要求撰写，并配上封面，装订成册。课程设计报告应包括以下内容。

1) 设计内容及要求。
2) 系统的方案论证、系统框图。
3) 单元电路设计、参数选择和元件选择。
4) 完整的电路图、电路的工作原理的相关说明。
5) 计算机仿真、仿真结果分析。
6) 设计的特点和优缺点的总结、课题的核心及使用价值、改进意见。
7) 参考文献。

6.2.9　高频交流电源的设计

1. 设计任务

输入为工频交流电源，输出为一个 20 kHz 的交流电源，采用 AC-DC-AC 间接变频方式完成主电路的设计。

2. 设计条件与指标

1) 输入三相交流电源额定电压为 380 V，频率为 50 Hz。
2) 输出负载额定值为 10 kW、400 V、20 kHz，过载容量 110%。
3) 直流电压波动系数为 0.1。
4) 尽量提高输出波形质量。

3. 设计要求

1) 分析题目要求，提出 2~3 种电路结构，比较确定主电路结构和控制方案。
2) 设计主电路原理图、触发电路的原理框图，并设置必要的保护电路。
3) 计算参数，选择主电路及保护电路元件参数。
4) 利用 PSpice、PSIM、PLECS 或 MWORKS 等进行电路仿真优化。
5) 撰写课程设计报告。

4. 课程设计报告要求

课程设计报告书须采用计算机打印，按照毕业设计格式要求撰写，并配上封面，装订成册。课程设计报告应包括以下内容。

1) 设计内容及要求。
2) 系统的方案论证、系统框图。
3) 单元电路设计、参数选择和元件选择。
4) 完整的电路图、电路的工作原理的相关说明。
5) 计算机仿真、仿真结果分析。
6) 设计的特点和优缺点的总结、课题的核心及使用价值、改进意见。
7) 参考文献。

6.2.10 电解用整流电源

1. 设计任务

设计一个电解用的整流电源,使其输出电压尽可能平稳满足负载参数要求。

2. 设计条件与指标

1)电源的三相电压额定值 10 kV,频率为 50 Hz。

2)负载的额定电压 600 V,额定电流 6 000 A,最大过载为 110%,总效率大于 0.91。

3)触发电路最小控制角为 30°。

3. 设计要求

1)分析题目要求,提出 2~3 种电路结构,比较确定主电路结构和控制方案。

2)设计主电路原理图、触发电路的原理框图,并设置必要的保护电路。

3)计算参数,选择主电路及保护电路元件参数。

4)利用 PSpice、PSIM、PLECS 或 MWORKS 等进行电路仿真优化。

5)撰写课程设计报告。

4. 课程设计报告要求

课程设计报告书须采用计算机打印,按照毕业设计格式要求撰写,并配上封面,装订成册。课程设计报告应包括以下内容。

1)设计内容及要求。

2)系统的方案论证、系统框图。

3)单元电路设计、参数选择和元件选择。

4)完整的电路图、电路的工作原理的相关说明。

5)计算机仿真、仿真结果分析。

6)设计的特点和优缺点的总结、课题的核心及使用价值、改进意见。

7)参考文献。

6.2.11 高频开关稳压电源设计

1. 设计任务

根据电源参数要求设计一个高频直流开关稳压电源。

2. 设计条件与指标

1)电源的电压额定值为 220 V,频率为 50 Hz。

2)输出负载的稳压电源功率 P_o = 1 000 W,电压 U_o = 50 V,开关频率为 100 kHz。

3)电源输出保持时间 t_d = 10 ms(电压从 280 V 下降到 250 V)。

3. 设计要求

1)分析题目要求,提出 2~3 种电路结构,比较确定主电路结构和控制方案。

2)设计主电路原理图、触发电路的原理框图,并设置必要的保护电路。

3)计算参数,选择主电路及保护电路元件参数。

4)利用 PSpice、PSIM、PLECS 或 MWORKS 等进行电路仿真优化。

5)撰写课程设计报告。

4. 课程设计报告要求

课程设计报告书须采用计算机打印，按照毕业设计格式要求撰写，并配上封面，装订成册。课程设计报告应包括以下内容。

1) 设计内容及要求。
2) 系统的方案论证、系统框图。
3) 单元电路设计、参数选择和元件选择。
4) 完整的电路图、电路的工作原理的相关说明。
5) 计算机仿真、仿真结果分析。
6) 设计的特点和优缺点的总结、课题的核心及使用价值、改进意见。
7) 参考文献。

6.2.12 列车变频空调用电源系统的设计

1. 设计任务

在列车上，拟采用三相变频式空调，已知变频器采用 AC-DC-AC 电路型，且 AC-DC 变换采用三相二极管桥式整流器。但是，列车上只有交流 220 V 电源，试设计一个电源转换系统来满足空调的供电要求。

2. 设计条件与指标

1) 三相交流电源额定电压为 220 V。
2) 空调的额定功率 2.2 kW，额定电压 AC 380 V。
3) 电路简单可靠，体积小，功耗小。

3. 设计要求

1) 分析题目要求，提出 2~3 种电路结构，比较确定主电路结构和控制方案。
2) 设计主电路原理图、触发电路的原理框图，并设置必要的保护电路。
3) 计算参数，选择主电路元件参数。
4) 利用 PSpice、PSIM、PLECS 或 MWORKS 等进行电路仿真优化。
5) 撰写课程设计报告。

4. 课程设计报告要求

课程设计报告书须采用计算机打印，按照毕业设计格式要求撰写，并配上封面，装订成册。课程设计报告应包括以下内容。

1) 设计内容及要求。
2) 系统的方案论证、系统框图。
3) 单元电路设计、参数选择和元件选择。
4) 完整的电路图、电路的工作原理的相关说明。
5) 计算机仿真、仿真结果分析。
6) 设计特点和设计优缺点的总结、课题的核心及使用价值、改进意见。
7) 参考文献。

6.2.13 熔炼用中频感应加热电源

1. 设计任务

根据负载参数设计一个用于熔炼用中频感应加热的电源。

2. 设计条件与指标

1）三相交流电源额定电压为 380 V，频率为 50 Hz，波动系数为 $A=0.95\sim1.1$。

2）输出功率 $P=100$ kW，输出最大功率 $P_{max}=110$ kW，感应加热用额定频率 $f=1$ kHz，功率因数 $\cos\phi=0.81$。

3）尽量减小输出波形的失真。

3. 设计要求

1）分析题目要求，提出 2~3 种电路结构，比较确定主电路结构和控制方案。

2）设计主电路原理图、触发电路的原理框图，并设置必要的保护电路。

3）计算参数，选择主电路及保护电路元件参数。

4）利用 PSpice、PSIM、PLECS 或 MWORKS 等进行电路仿真优化。

5）撰写课程设计报告。

4. 课程设计报告要求

课程设计报告书须采用计算机打印，按照毕业设计格式要求撰写，并配上封面，装订成册。课程设计报告应包括以下内容。

1）设计内容及要求。

2）系统的方案论证、系统框图。

3）单元电路设计、参数选择和元件选择。

4）完整的电路图、电路的工作原理的相关说明。

5）计算机仿真、仿真结果分析。

6）设计特点和优缺点的总结、课题的核心及使用价值、改进意见。

7）参考文献。

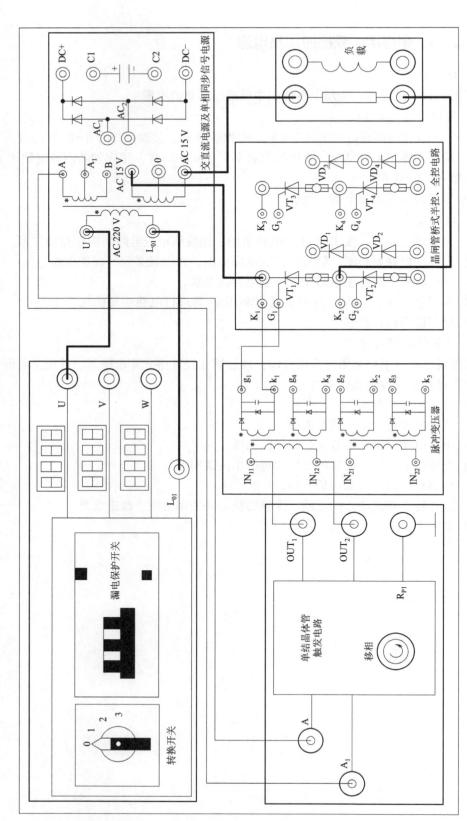

附图4-1 单结晶体管触发的单相半波可控整流电路

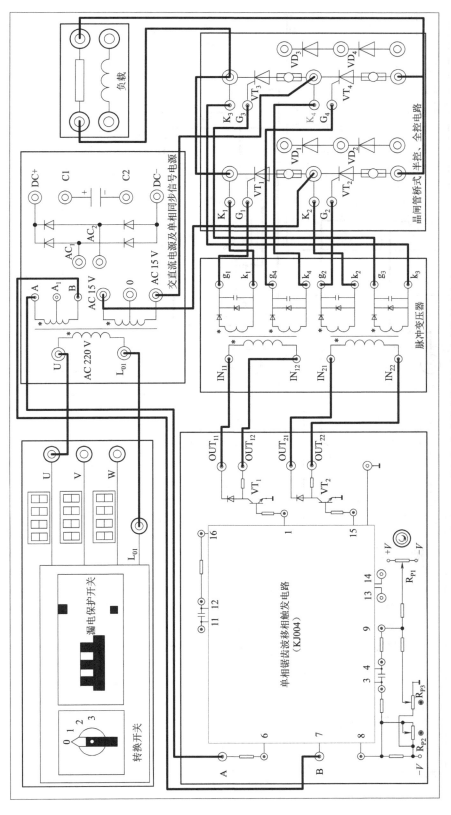

附图 4-2 单相锯齿波触发的单相桥式全控整流电路

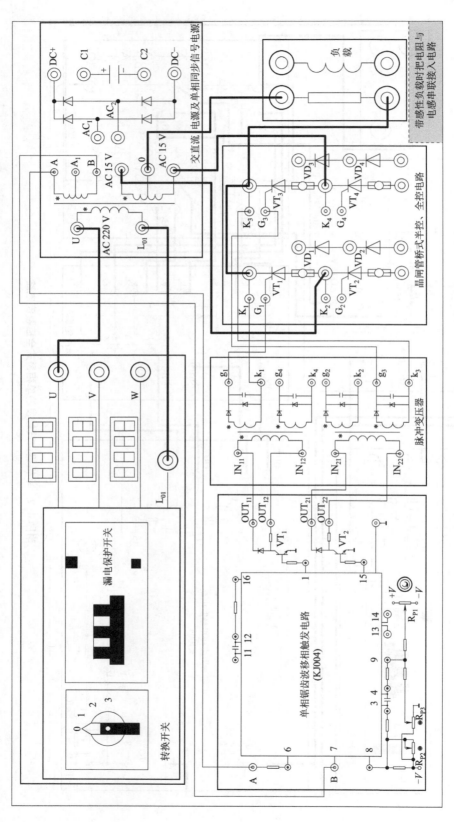

附图 4-3 单相锯齿波触发的单相全波可控整流电路

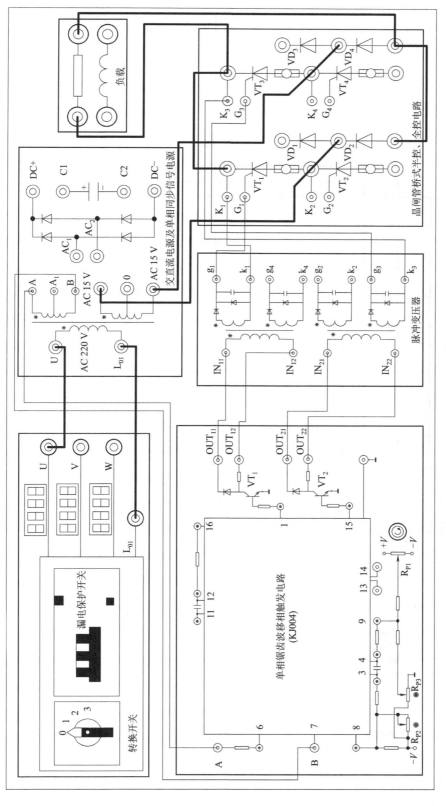

附图 4-4　单相锯齿波触发的单相桥式半控整流电路

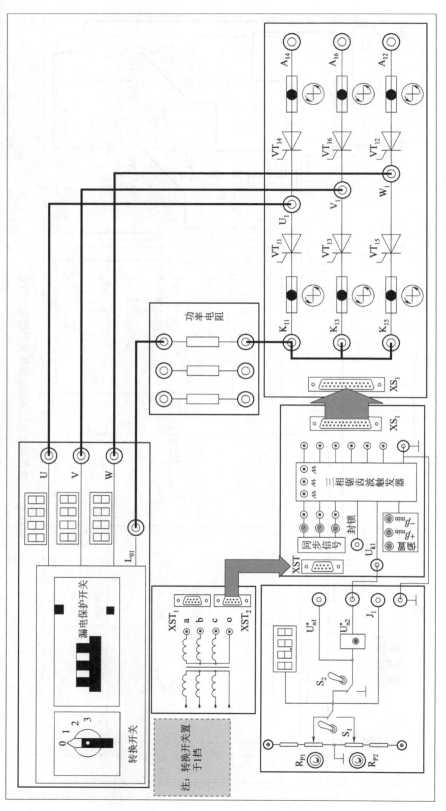

附图 4-5 三相锯齿波触发的三相半波可控整流电路

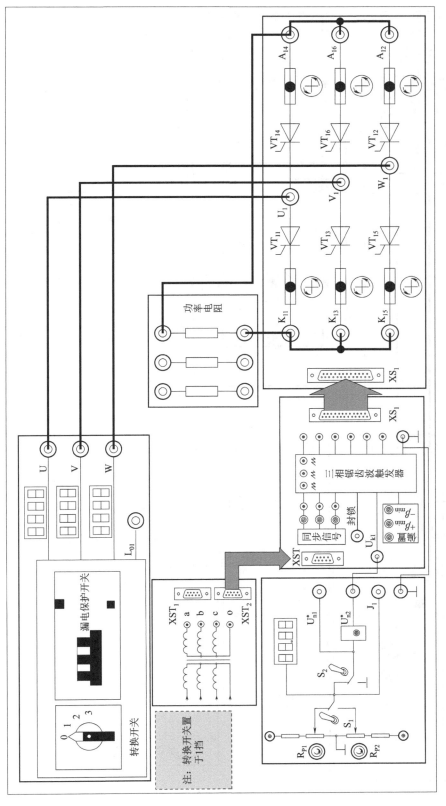

附图 4-6 (a) 三相锯齿波移相触发的三相桥式全控整流电路（带电阻负载）

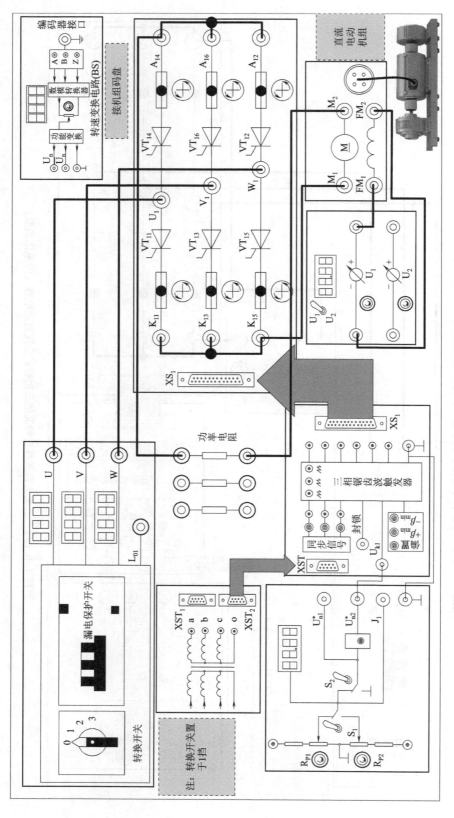

附图 4-6（b） 三相锯齿波移相触发的三相桥式全控整流电路（带反电动势负载）

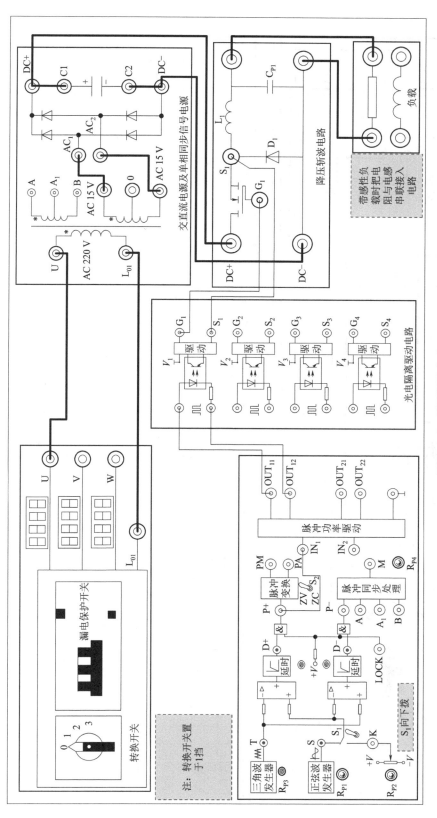

附图 4-7 降压斩波电路

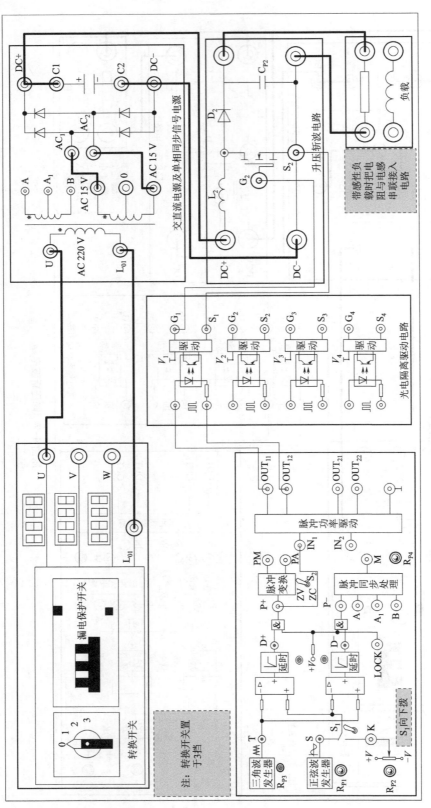

附图 4-8 升压斩波电路

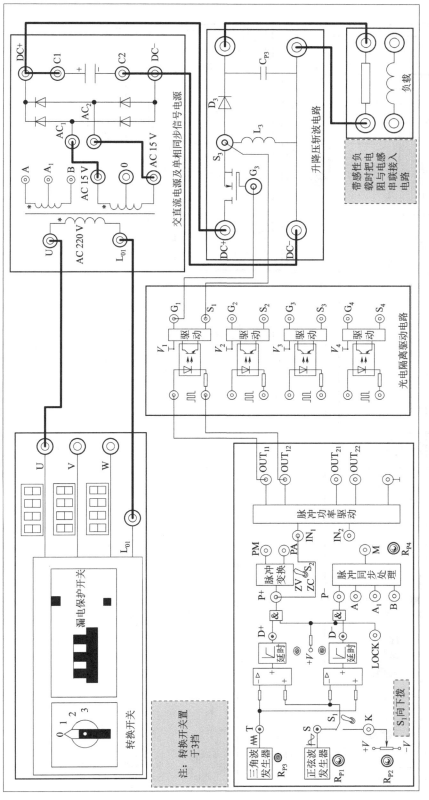

附图 4-9 升降压斩波电路

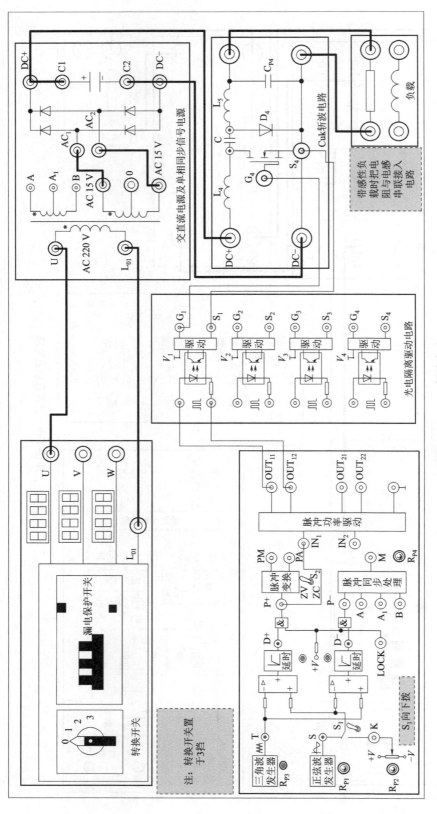

附图 4-10 Cuk 斩波电路

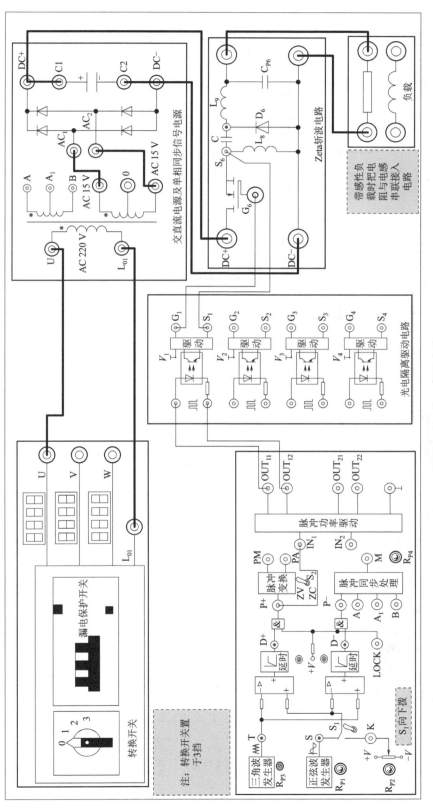

附图 4-11 Zeta 斩波电路

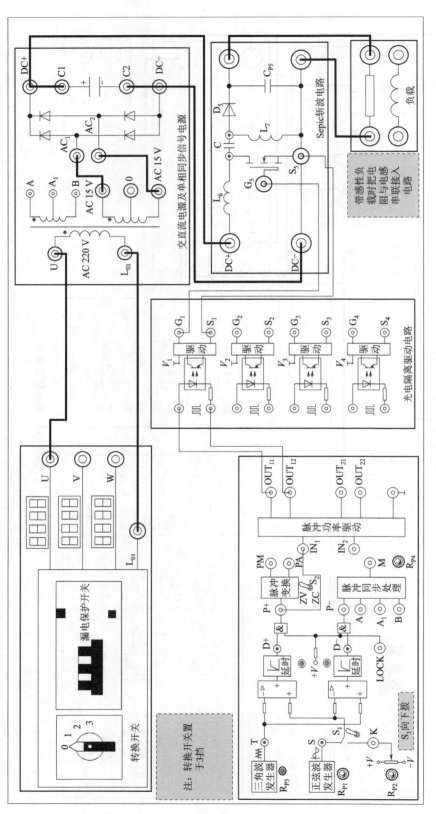

附图 4-12 Sepic 斩波电路

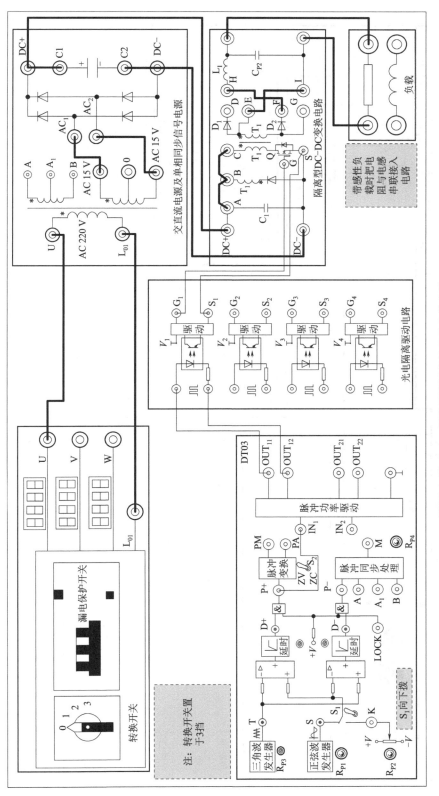

附图 4-13 (a) 正激隔离型 DC-DC 变换电路

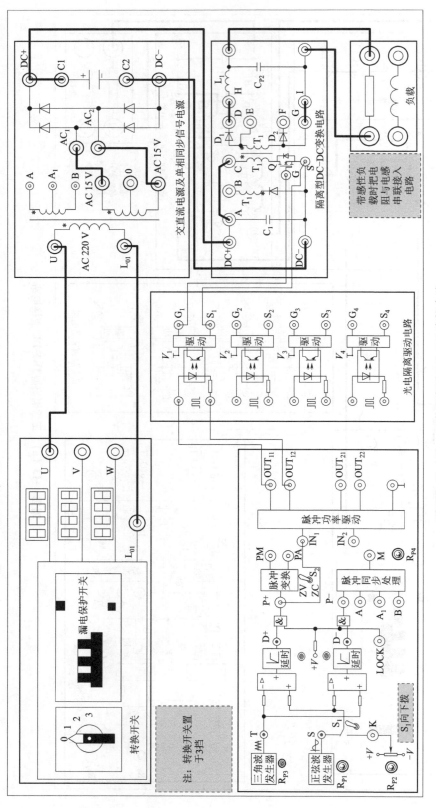

附图 4-13（b） 反激隔离型 DC-DC 变换电路

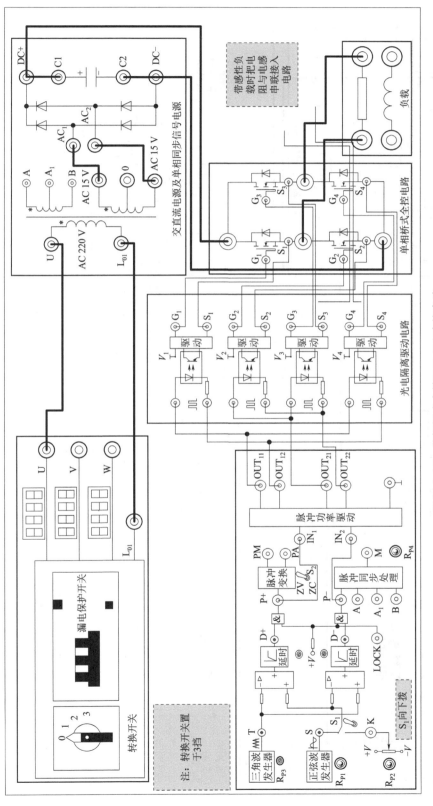

附图 4-14　单相桥式全控 DC–DC 变换电路

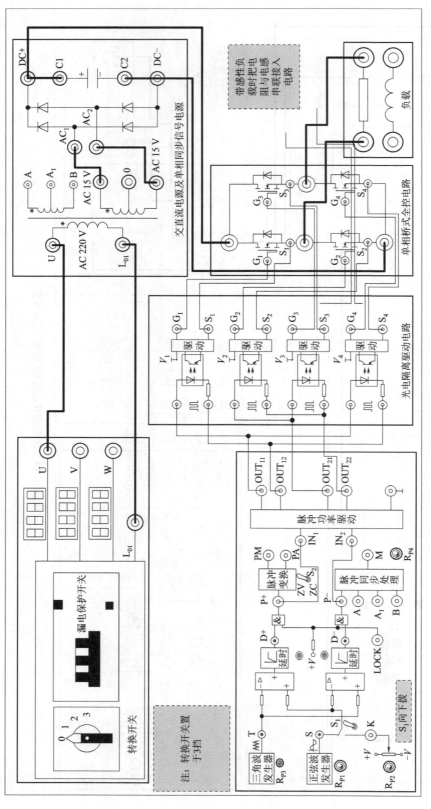

附图 4-15 单相 SPWM 电压型逆变电路

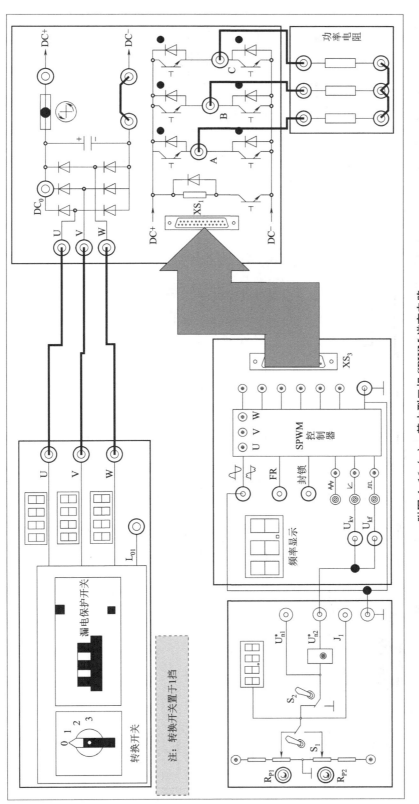

附图 4-16（a） 基本型三相 SPWM 逆变电路

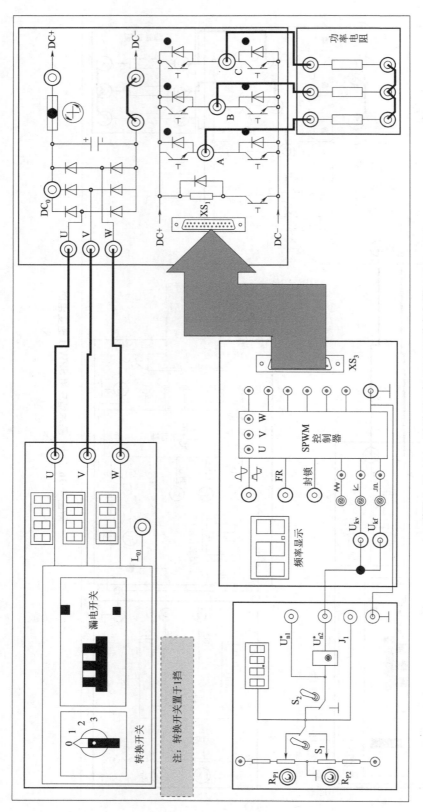

附图 4-16（b） 改进型三相 SPWM 逆变电路

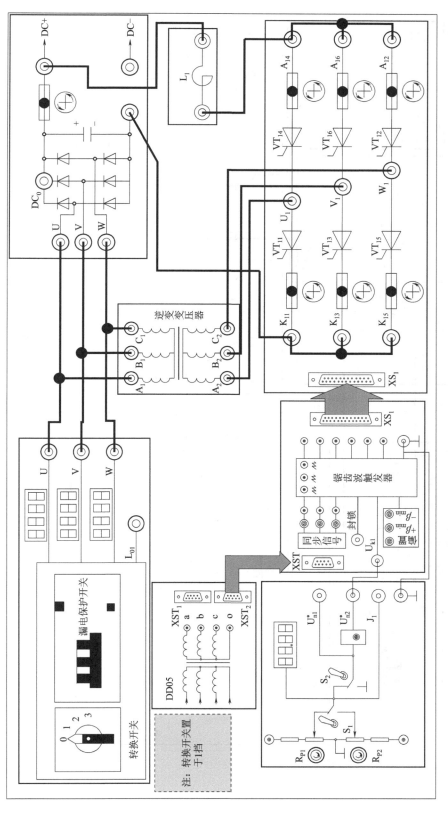

附图 4-17 三相有源逆变电路

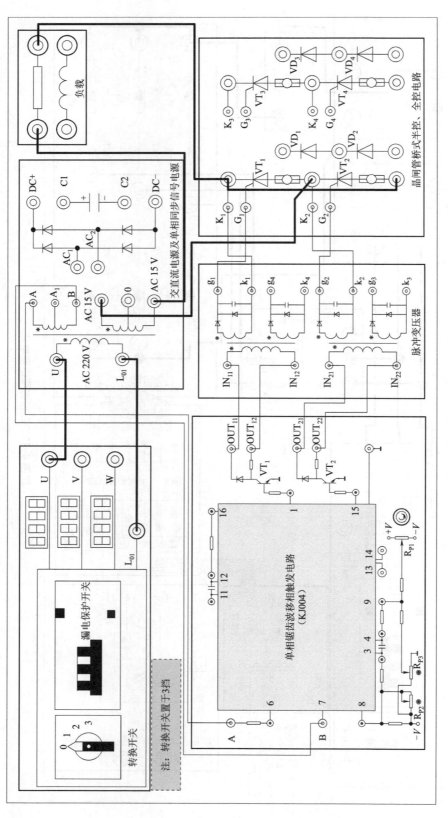

附图 4-18 单相交流调压电路

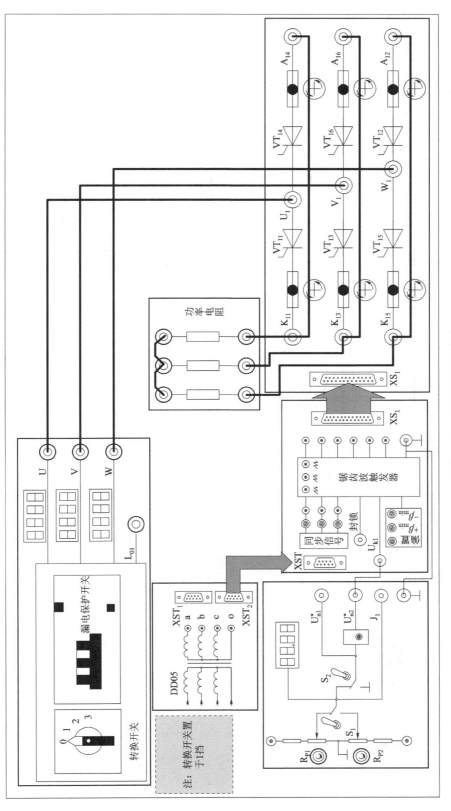

附图 4-19 三相交流调压电路

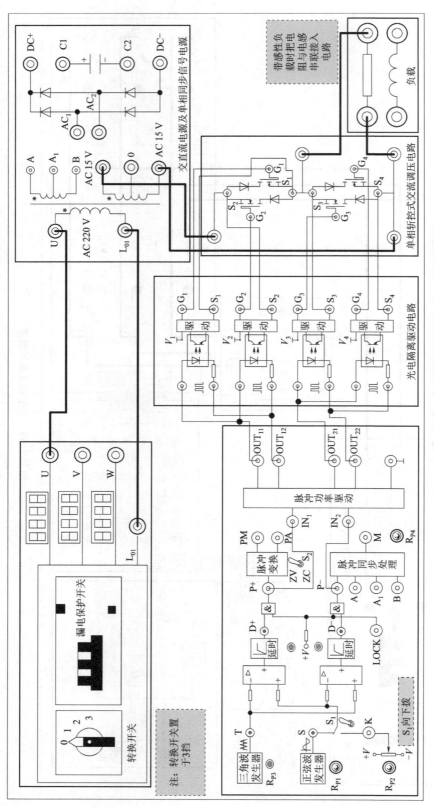

附图 4-20 单相斩控式交流调压电路

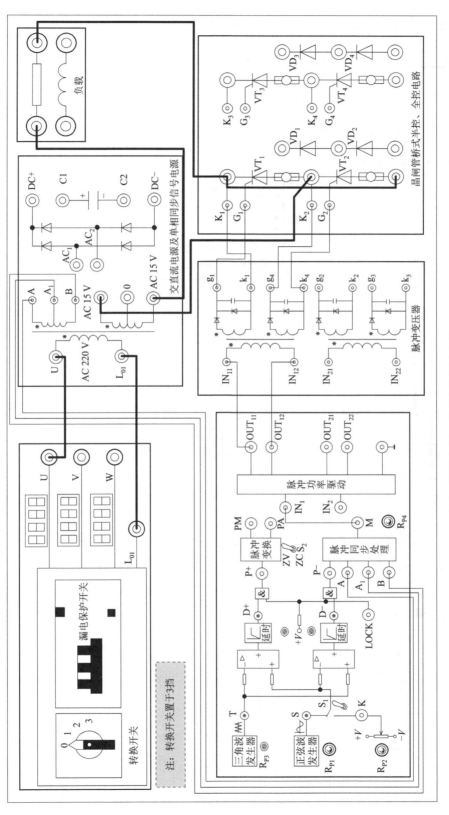

附图 4-21 单相交流调功电路

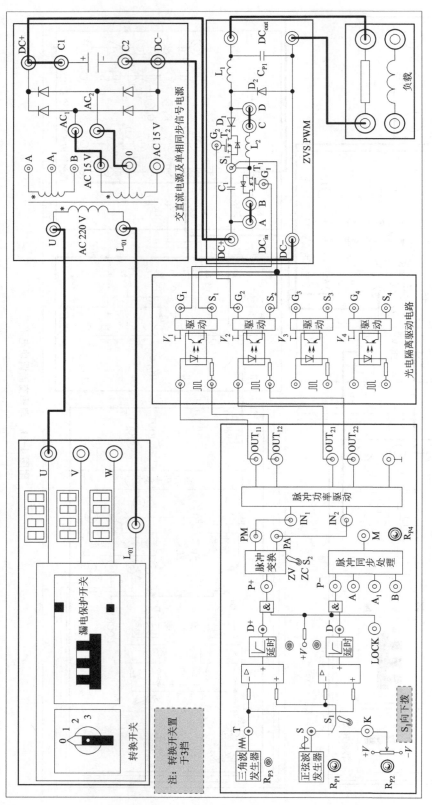

附图 4-22 零电压开关 PWM 电路

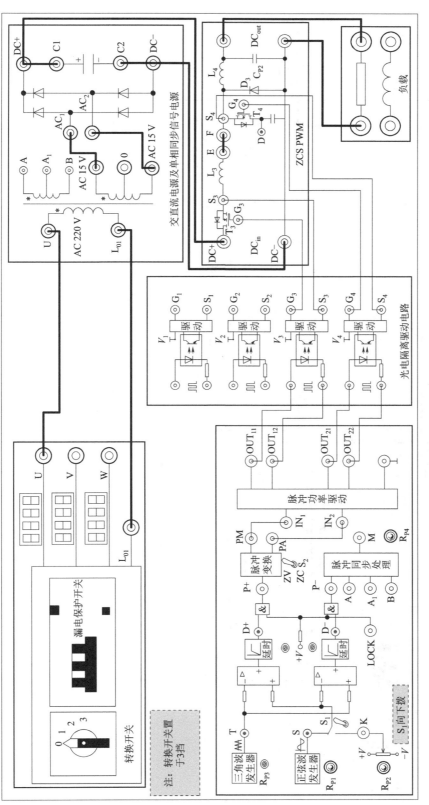

附图 4-23　ZCS PWM 电路

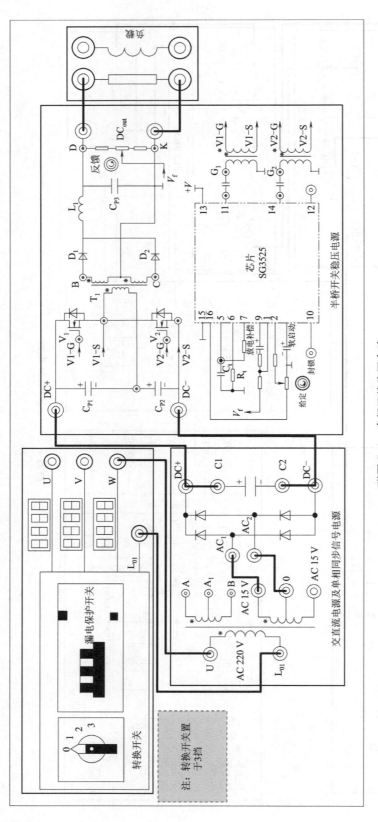

附图 5-1 半桥开关稳压电路

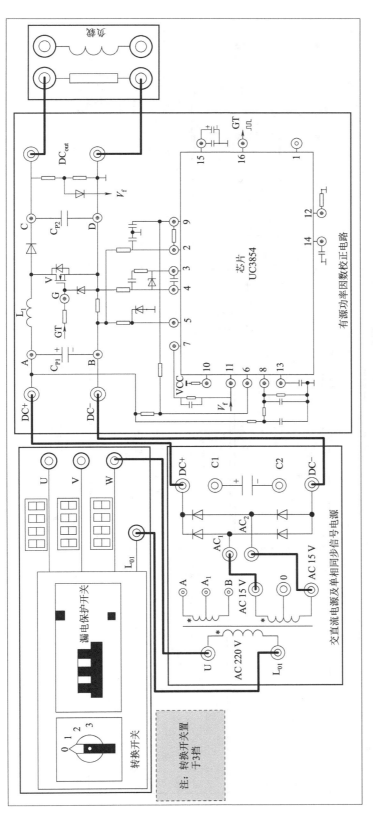

附图 5-2 有源功率因数校正电路

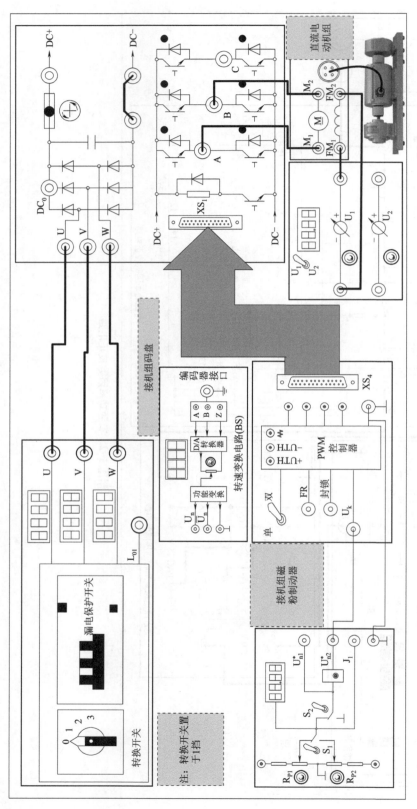

附图 5-3　PWM 直流电动机调速系统电路

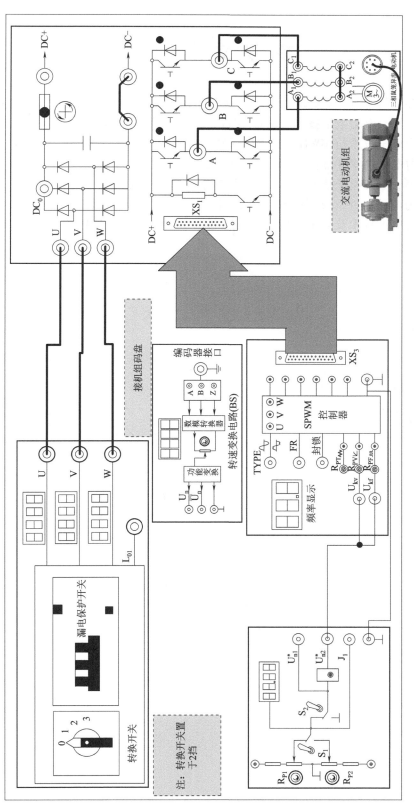

附图 5-4 三相 SPWM 逆变电路研究

参 考 文 献

［1］冬雷，廖晓钟，高志刚，等．电力电子学基础［M］．北京：高等教育出版社，2020．
［2］王兆安，刘进军．电力电子技术［M］．5版．北京：机械工业出版社，2009．
［3］周渊深．电力电子技术与MWORKS仿真［M］．北京：中国电力出版社，2014．
［4］南余荣．电力电子技术［M］．北京：电子工业出版社，2018．
［5］邵黎明，张涛．电力电子技术［M］．3版．北京：电子工业出版社，2018．
［6］刘艺柱．电力电子器件及应用技术［M］．北京：电子工业出版社，2018．
［7］王晓芳．电力电子技术及应用［M］．北京：电子工业出版社，2013．